高职高专通信技术专业系列教材

通 信 原 理

主　编　刘红梅　周　玲
副主编　谭传武　刘立君　姚　庆

西安电子科技大学出版社

内 容 简 介

本书分为基础理论和实验验证两部分。基础理论部分以语音通信系统为主线,主要介绍了模拟信号数字化、复用技术与数字复接、数字基带传输系统、数字调制与解调、差错控制编码、定时与同步等内容。该部分以提问的方式引入学习内容,方便学生理解所讲技术或原理的应用。实验验证部分以武汉凌特电子技术有限公司的实践平台为例,清晰地展示了语音通信系统信号传输和处理的过程。

本书既可作为高职高专院校铁道通信与信息化技术专业、城市轨道交通通信与信号专业、通信技术专业、移动通信技术专业及相关专业的教材,也可作为通信类专业教师及相关实验人员的教学参考书。

图书在版编目(CIP)数据

通信原理 / 刘红梅,周玲主编. —西安:西安电子科技大学出版社,2021.4
(2023.9 重印)
ISBN 978 - 7 - 5606 - 5985 - 5

Ⅰ. ① 通…　Ⅱ. ① 刘…　② 周…　Ⅲ. ① 通信原理—高等职业教育—教材
Ⅳ. ① TN911

中国版本图书馆 CIP 数据核字(2021)第 022516 号

策　　划　陈　婷
责任编辑　陈　婷
出版发行　西安电子科技大学出版社(西安市太白南路2号)
电　　话　(029)88202421　88201467　　邮　　编　710071
网　　址　www. xduph. com　　　电子邮箱　xdupfxb001@163.com
经　　销　新华书店
印刷单位　陕西博文印务有限责任公司
版　　次　2021年4月第1版　2023年9月第2次印刷
开　　本　787毫米×1092毫米　1/16　印张9
字　　数　208千字
印　　数　3001~6000册
定　　价　29.00元
ISBN 978 - 7 - 5606 - 5985 - 5/TN

XDUP 6287001 - 2

＊＊＊如有印装问题可调换＊＊＊

前　言

全书共分为两部分。第一部分为理论基础，共有 7 章内容。第 1 章系统概述，介绍了通信系统的分类、通信方式、信息及其度量及通信系统的主要性能指标；第 2 章模拟信号数字化，介绍了抽样、量化与编码等 PCM 的相关理论；第 3 章复用技术与数字复接，介绍了复用技术、数字复接技术与数字复接系统；第 4 章数字基带传输系统，介绍了常用的基带信号码型、三元码、数字基带信号的传输与码间串扰；第 5 章数字调制与解调，介绍了 2ASK、2FSK 及 2PSK 调制与解调技术；第 6 章差错控制编码，介绍了汉明码、循环码、卷积码及 Turbo 码等信道编码技术；第 7 章定时与同步，介绍了定时系统和载波同步、位同步、帧同步、网同步技术及应用。

第二部分为实验验证，针对理论基础部分的典型知识点设计仿真实验进行验证，其中包含抽样定理的验证实验，PCM 编译码实验，ASK 的调制和解调实验，FSK 的调制和解调实验，BPSK、DBPSK 的调制与解调实验，AMI/HDB3 码型变换实验，汉明码编译码实验，循环码编译码实验，载波同步实验，帧同步提取实验，时分复用与解复用实验，HDB3 线路编码通信系统综合实验等 12 个验证实验。

本书在智慧职教、蓝墨云班课等平台建设了完整的班课数字资源，包含每一讲内容的 PPT 课件、课前引入活动、课堂测试活动、课后作业活动、部分微课及实验实训任务书。使用本书的读者可联系主编（29081169@qq.com）授权获取。

本书由刘红梅、周玲任主编，谭传武、刘立君、姚庆任副主编。具体编写分工如下：第 1 章、第 3 章及第 6 章由湖南铁道职业技术学院刘红梅编写；第 2 章、第 5 章由湖南铁道职业技术学院周玲编写；第 4 章由湖南铁道职业技术学院谭传武编写；第 7 章由湖南铁道职业技术学院刘立君编写。实验验证部分由武汉凌特电子技术有限公司提供（已获授权）。姚庆参与了部分实验内容的整理。全书由刘红梅负责统稿。

由于编者水平有限，书中难免有欠妥之处，恳请广大读者批评指正。

编者
2020 年 12 月

目　　录

第一部分　基 础 理 论

第二部分　实　验　验　证

第一部分 ▶▶▶▶▶ 基础理论

第 1 章　系 统 概 述

1.1　通信的基本概念及模型

问题 1-1　什么是"通信"?

通信的目的是传递消息中所包含的信息。消息是物质或精神状态的一种反映,在不同时期具有不同的表现形式。例如,语音、文字、音乐、数据、图片或活动图像等都是消息(Message)。人们接收消息,关心的是消息中所包含的有效内容,即信息(Information)。通信则是进行信息的时空转移,即把信息从一方传到另一方。基于这种认识,"通信"也就是"信息传输"或"消息传输"。

第 1 讲　通信技术基础

实现通信的方式和手段很多,如手势语言、消息树、烽火台和击鼓传令,以及现代的电报、电话、广播、电视、因特网、数据和计算机通信等,这些都是消息传递的方式和信息交流的手段。

1837 年摩尔斯发明的有线电报开创了利用电传递信息(即电信)的新时代;1876 年贝尔发明的电话已成为我们日常生活中通信的主要工具;1918 年调幅无线电广播超外差接收机问世;1936 年商业电视广播开播……伴随着人类文明的进步和科学技术的发展,电信技术也以一日千里的速度飞速发展。电信技术的不断进步导致人们对通信的质和量提出了更高的要求,这种要求反过来又促进了电信技术的完善和发展。如今在自然科学领域涉及"通信"术语时,一般是指"电通信"。广义来讲,光通信也属于电通信,因为光也是一种电磁波,本书中讨论的通信均指电通信。

在电通信系统中,消息的传递是通过电信号来实现的。例如摩尔斯电报是利用金属线连接的发报机和收报机以点、划和空格的形式传送信息的。由于电通信方式具有迅速、准确、可靠,且不受时间、地点、距离限制的特点,因此,100 多年来得到了飞速的发展和广泛的应用。今天我们正亲眼目睹一个重大的发展成就,那就是包括语音、数据、视频传输在内的个人通信业务的出现和应用,而通信卫星和光纤网络正为全世界提供高速通信业务。

问题 1-2　通信系统包含哪些组成部分?

通信的目的是传输信息,通信系统的作用就是将信息从信源发送到一个或多个目的地址。对于电通信系统来说,首先要将消息转换为电信号,然后经过发送设备将信号送入信道,在接收端利用接收设备对接收到的信号做相应的处理后,再转换为原来的消息送给受信者。这一过程可以用如图 1-1-1 所示的通信系统一般模型来概括。

图 1-1-1 各部分作用如下:

信息源:信息的来源,其作用是把消息转换成原始电信号。

发送设备：将信源产生的电信号转换为适合在信道中传输的形式。

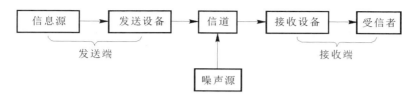

图 1-1-1 通信系统的一般模型

信道：信号的传输媒介。有线信道是指架空明线、电缆、光缆等，无线信道主要是指自由空间。

接收设备：与发送设备的基本功能相反，是将从信道中接收到的带有干扰的信号变换成原始电信号，以利于受信者接收。

受信者：将复原的原始电信号转换成相应的消息。电话机、计算机等既可以是信息源也可以是受信者。

噪声源：通信系统中各种噪声干扰的集中表示。

如前所述，通信传输的消息是多种多样的，可以是符号、语音、文字、数据、图像等。各种不同的消息可以分成两大类：一类称为连续消息，另一类称为离散消息。连续消息是指消息的状态连续变化或是不可数的，如连续变化的语音、图像等；离散消息则是指消息的状态是可数的或离散的，如符号、数据等。

消息的传递是通过它的物理载体——电信号来实现的，即把消息寄托在电信号的某一参量（如连续波的幅度、频率或相位；脉冲波的幅度、宽度或位置）上。按电信号参量的取值方式不同，可把电信号分为模拟信号和数字信号两类。

如果电信号的参量取值连续（不可数，无穷多），则称之为模拟信号，例如话筒送出的语音信号在一定的取值范围内连续变化，如图 1-1-2(a)所示。模拟信号有时也称为连续信号，这里连续的含义是指信号的某一参量连续变化，或者说在某一取值范围内可以取无穷多个值，而不一定在时间上也连续，如图 1-1-2(b)中所示的抽样信号。

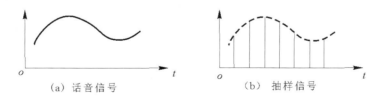

图 1-1-2 模拟信号

如果电信号的参量仅可取有限个值，则称之为数字信号（如图 1-1-3 所示），如电报信号、计算机输入/输出信号、PCM 信号等。数字信号有时也称为离散信号，这个离散是指信号的某一参量是离散变化的，而不一定在时间上也离散，如图 1-1-3(b)中所示的二进制数字调相(2PSK)信号。

按照信道中传输的是模拟信号还是数字信号，相应地把通信系统分为模拟通信系统和数字通信系统。

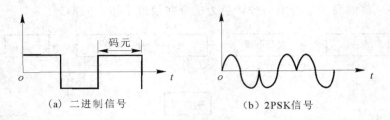

（a）二进制信号　　　　　　　（b）2PSK信号

图 1-1-3　数字信号

1. 模拟通信系统模型

模拟通信系统的模型如图 1-1-4 所示。模拟通信系统主要研究调制的基本问题，因此将发送设备简化为调制器，接收设备简化为解调器。调制的目的主要有三方面：① 将基带信号变换为适合于信道传输的频带信号；② 改善系统性能；③ 实现信道复用，提高信道利用率。

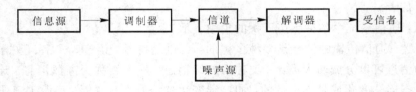

图 1-1-4　模拟通信系统模型

2. 数字通信系统模型

数字通信系统的模型如图 1-1-5 所示。数字通信系统研究的基本问题包括：① 收、发两端的换能过程，以及模拟信号数字化和数字基带信号的特征；② 数字调制与解调原理；③ 信道与噪声的特性及其对信号传输的影响；④ 差错控制编码；⑤ 通信保密；⑥ 同步。

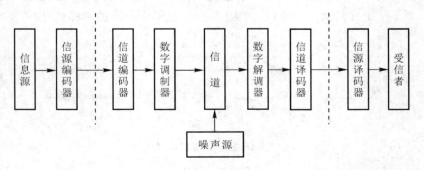

图 1-1-5　数字通信系统模型

1.2 通信系统的分类及通信方式

问题 1-3 通信系统一般分哪几种？

1. 按业务和用途分类

（1）常规通信：分为话务通信和非话务通信两种。话务通信包括电话信息服务业务、语音信箱业务和电话智能网业务在内的电话业务。非话务通信包括计算机通信、电子信箱、数据库检索、可视图文及会议电视、图像通信等。

第 2 讲 通信系统组成、分类及通信方式

（2）控制通信：包括遥测、遥控、遥信和遥调通信，如雷达通信等。

2. 按调制与否分类

（1）基带传输系统：信号在发送端无需经过调制而直接进行传输，在接收端无需经过解调就能接收的系统，如对讲系统等近距离传输系统。

（2）频带传输系统：在发送端对基带信号进行调制，在接收端通过解调从接收到的信号中恢复出原始基带信号的系统。

3. 按信号特征分类

按照信道中传输的是模拟信号还是数字信号，把通信系统相应地分成模拟通信系统和数字通信系统。无论是模拟通信还是数字通信，在不同的通信领域中都得到了广泛的应用。

4. 按传输媒质分类

（1）有线通信：用缆线（架空明线、同轴电缆、光缆等）作为传输媒质完成通信，如有线电话、有线电视、海底电缆等。

（2）无线通信：依靠电磁波在自由空间中的传播来达到传递消息的目的，如短波电离层、微波视距层、卫星中继等。

5. 按工作波段分类

按系统中通信设备的工作频率可以分为长波通信、中波通信、短波通信和远红外线通信等。工作频率与波长的换算公式为

$$f = \frac{c}{\lambda}$$

其中：f 为工作频率（Hz）；λ 为工作波长（m）；c 为光速，即 3×10^8 m/s。常见通信波段与传输媒质如表 1-1-1 所示。

表 1-1-1 常见通信波段与传输媒质

频率范围	对应波长	名称/符号	传输媒质	主要用途
3 Hz～30 kHz	10^4 m～10^8 m	甚低频（VLF）	有线线对，长波无线电	音频、电话、数据终端长距离导航、时标
30 kHz～300 kHz	10^3 m～10^4 m	低频（LF）	有线线对，长波无线电	导航、信标、电力线通信

频率范围	对应波长	名称/符号	传输媒质	主要用途
300 kHz~3 MHz	10^2 m~10^3 m	中频(MF)	同轴电缆,短波无线电	调幅广播、移动陆地通信、业余无线电
3 MHz~30 MHz	10 m~10^2 m	高频(HF)	同轴电缆,短波无线电	移动无线电话、短波广播定点军用通信、业余无线电
30 MHz~300 MHz	1 m~10 m	甚高频(VHF)	同轴电缆,米波无线电	电视、调频广播、空中管制、车辆、通信、导航
300 MHz~3 GHz	10 cm~1 m	特高频(UHF)	波导,分米波无线电	微波接力、卫星和空间通信、雷达
3 GHz~30 GHz	1 cm~10 cm	超高频(SHF)	波导,厘米波无线电	微波接力、卫星和空间通信、雷达
30 GHz~300 GHz	1 mm~10 mm	极高频(EHF)	波导,毫米波无线电	微波接力、雷达、射电天文学
1000 GHz~10 000 GHz	$3×10^{-5}$ m~$3×10^{-4}$ cm	可见光、红外光、紫外光	光纤,激光空间传播	光通信

6. 按信号复用方式分类

对多路信号采用复用方式传输能够更加有效地利用现有通信资源。信号的复用方式可以分为频分复用、时分复用和码分复用。

问题 1-4　通信系统常见的工作方式有哪些?

1. 单工、半双工和全双工通信

按消息传递的方向与时间关系划分,通信方式可分为单工、半双工和全双工通信。

(1)单工通信是指消息只能单方向传输的工作方式,如图 1-1-6 所示。广播、遥测、遥控、无线寻呼等就是单工通信方式的例子。

图 1-1-6　单工通信

(2)半双工通信是指通信双方都具有发送和接收功能,但不能同时接收,也不能同时发送的双向传输方式,如图 1-1-7 所示。无线对讲机就是半双工通信方式。

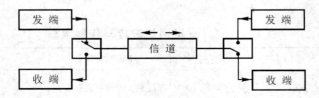

图 1-1-7　半双工通信

（3）全双工通信是指通信双方可同时进行收发操作的双向传输方式。因此全双工必须占用双向信道，如图1-1-8所示。电话、计算机通信等采用的就是全双工通信方式。

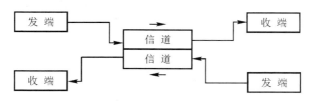

图1-1-8　全双工通信

2. 并行传输和串行传输

在数字通信中，按数字信号码元排列的顺序可分为并行传输和串行传输。

（1）并行传输是指将代表信息的数字信号码元序列以成组的方式在两条或两条以上的并行信道上同时传输。例如计算机送出的由"0"和"1"组成的二进制代码序列，可以每组 n 个代码的方式在 n 条并行信道上同时传输。这种方式下，一个分组中的 n 个码元能够在一个时钟节拍内从一个设备传输到另一个设备，例如8 bit代码字符可以用8条信道并行传输，如图1-1-9所示。

（2）串行传输是指将数字信号码元序列以串行方式一个码元接一个码元地在一条信道上传输，如图1-1-10所示。远距离数字传输常采用这种方式。

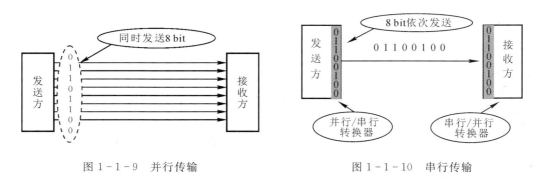

图1-1-9　并行传输　　　　　　　　　　　图1-1-10　串行传输

此外，按同步方式的不同可分为同步通信和异步通信；按通信设备与传输线路之间的连接类型，可分为点与点之间通信（专线通信）和点到多点之间通信（网通信）；还可以按通信的网络拓扑结构划分；等等。

1.3　信息及其度量

问题1-5　*现在是信息社会，那么到底什么是信息呢？信息量又是什么呢？*

1. 信息

通信的目的在于传递消息中所包含的信息，信息是指消息中有意义的内容，即接收者原来不知而待知的内容。不同形式的消息，可以包含相同的信息，例如分别用语音和文字传送的天气预报，所

第3讲　信息及其度量

包含信息内容相同。

在有效的通信中，信源发送的信号是不确定的，接收者在接收信号后不确定性减小或消失，则接收者从不知到知，从而获得信息。信号则是消息的载荷者，是与消息一一对应的电荷。

2. 信息量

传输信息的多少用"信息量"来衡量。对于接收者来说，某些消息可能比另外一些消息能传递更多的信息，因此消息有量值的意义。对接收者来说，事件越不可能发生，越是使人感到意外和惊奇，信息量就越大。

问题 1-6　信息如何度量？

1. 信息量的计算

概率论告诉我们事件的不确定程度可以用其出现的概率来描述。事件出现的可能性越小，则概率就越小；反之，事件出现的可能性越大，则概率就越大。消息中的信息量与消息发生的概率紧密相关，消息出现的概率越小，则消息中包含的信息量就越大。如果事件是必然的（概率为 1），则它传递的信息量为 0；如果事件是不可能的（概率为 0），则它将有无穷的信息量。

设信源是由 q 个离散符号（事件）S_1，S_2，$\cdots$，S_q 组成的集合。每个符号的发生是相互独立的，第 i 个符号出现的概率是 $P(S_i)$，且 $P(S_i)$ 满足非负、归一性，即 $\sum_{i=1}^{q} P(S_i) = 1$，则第 i 个符号含有的信息量为

$$I(S_i) = \text{lb} \frac{1}{P(S_i)} = -\text{lb} P(S_i) \tag{1-1}$$

几点说明：

(1) 信息量 $I(S_i)$ 可以看做接收端未收到消息前，发送端发送消息 S_i 所具有的不确定程度。

(2) 若干个相互独立事件构成的消息，所含信息量等于各独立事件所含信息量之和，也就是说，信息具有可加性。

(3) 信息量的单位与对数的底数有关。底数为 2，信息量的单位为比特（bit）；底数为自然数 e，则信息量的单位为奈特（nit）；底数为 10 时，则信息量的单位为哈特（hart）。通常使用的单位是比特。

(4) 对于二进制信源符号，只有 1 和 0，假设 1 和 0 等概率出现，均为 1/2，则有

$$I(0) = I(1) = -\text{lb} \frac{1}{2} = 1 \text{ bit}$$

即等概率二进制信源每一符号的信息量为 1 bit。同理，假设四进制信源符号等概率出现，则每一符号的信息量是 2 bit，是二进制的 2 倍。依次类推，对于任意进制信源符号等概率出现，则每符号的信息量是 K bit，符号信息量是二进制的 K 倍。

【例 1-1】　设英文字母 E 出现的概率为 0.105，X 出现的概率为 0.002，试求 E 及 X 的信息量。

解：$I(E) = \text{lb} \frac{1}{P(0.105)} = -\text{lb} P(0.105) \approx 3.25 \text{ bit}$

$$I(X)=\text{lb}\frac{1}{P(0.002)}=-\text{lb}P(0.002)\approx 8.97\ \text{bit}$$

【例 1 - 2】　若估计在一次国际象棋比赛中谢军获得冠军的可能性为 0.1(记为事件 A)，而在另一次国际象棋比赛中她得到冠军的可能性为 0.9(记为事件 B)。试分别计算当你得知她获得冠军时，从这两个事件中获得的信息量各为多少？

解：

$$I(A)=\text{lb}\frac{1}{P(0.1)}=-\text{lb}P(0.1)\approx 3.32\ \text{bit}$$

$$I(B)=\text{lb}\frac{1}{P(0.9)}=-\text{lb}P(0.9)\approx 0.152\ \text{bit}$$

2. 离散信源平均信息量的计算

所谓平均信息量是指信源中每个符号所含信息量的统计平均值，统计 N 个独立符号的离散信息源的平均信息量 $H(S)$ 为

$$H(S)=\sum_{i=1}^{N}P(S_i)I(S_i)=-\sum_{i=1}^{N}P(S_i)\text{lb}P(S_i) \tag{1-2}$$

熵是信源中每个符号的平均信息量，单位是 bit/符号。当信源符号等概率发生时，熵具有最大值，为

$$H_{\max}(S)=\sum_{i=1}^{N}P(S_i)I(S_i)=\text{lb}N \tag{1-3}$$

【例 1 - 3】　一离散信源由 4 个符号 0、1、2、3 组成，它们出现的概率分别为 3/8、1/4、1/4、1/8，且每个符号的出现都是独立的。试求某信息 1022，0102，0130，2130，2120，3210，1003，2101，0023，1020，0201，0312，0321，0012，0210 的信息量。

解：方法一

此消息中，0 出现 23 次，1 出现 15 次，2 出现 15 次，3 出现 7 次，共有 60 个符号，故该消息的信息量为

$$I=23I(0)+15I(1)+15I(2)+7I(3)$$
$$=23\text{lb}\frac{8}{3}+15\text{lb}4+15\text{lb}4+7\text{lb}8$$
$$=113.55\ \text{bit}$$

解：方法二

用熵的概念来计算，由式(1-2)得

$$H=\frac{3}{8}\text{lb}\frac{8}{3}+\frac{1}{4}\text{lb}4+\frac{1}{4}\text{lb}4+\frac{1}{8}\text{lb}8$$
$$\approx 1.906\ \text{bit/符号}$$

则该消息的信息量为

$$I=60H(S)=60\times 1.906=114.36\ \text{bit}$$

可见，两种算法的结果有一定误差，前一种结果是按算术平均的方法计算的，后一种结果是按统计平均的方法计算的。但当消息很长时，用熵的概念来计算比较方便，而且随着消息序列长度的增加，两种计算误差将趋于零。

1.4　通信系统的主要性能指标

通信系统的性能指标主要有有效性指标和可靠性指标两个。有效性指标用于衡量系统的传输效率，可靠性指标用于衡量系统的传输质量。

问题 1-7　怎样衡量通信系统的性能？

1. 模拟通信系统性能指标

1) 有效性指标

有效性是指信息的传输速度，即在给定频带情况下，单位时间传输信息的多少。对于模拟通信系统来说，信号传输的有效性通常可用有效传输频带来衡量，即在指定信道内所允许同时传输的最大通路数。

这个通路数等于给定信道的传输带宽除以每路信号的有效带宽。在相同条件下，每一通信线路所占频带越窄，则允许同时传输的通路数越多。

2) 可靠性指标

模拟通信系统中信号传输的可靠性通常采用接收端输出信噪比(S/N)来衡量，即输出信号平均功率与噪声平均功率之比。S/N 越高，可靠性越高，反之，S/N 越低，可靠性则越低。通常电话要求信噪比是 20～40 dB(分贝)，电视则要求 40 dB 以上。信噪比与调制方式有关，一般情况下，FM 信号的输出信噪比就比 AM 信号高得多。

2. 数字通信系统性能指标

1) 有效性指标

有效性指标是衡量数字通信系统传输能力的主要指标，通常用码元传输速率、信息传输速率及频带利用率 3 个指标来说明。

(1) 码元传输速率(R_B)。

码元传输速率是指每秒传输信号码元的数目，又称调制速率、符号速率、波特率，用符号 R_B 表示，单位为波特(Baud)，简写为 B 或 Bd。如果信号码元持续时间(时间长度)为 T(单位为 s)，那么，码元传输速率公式为

$$R_B = \frac{1}{T} \tag{1-4}$$

(2) 信息传输速率(R_b)。

信息传输速率(R_b)是指每秒传输的信息量，用符号 R_b 表示，单位为比特/秒(b/s)。

比特在数字通信系统中是信息量的单位。在二进制数字通信系统中，每个二进制码元若是等概率传送的，则信息量是 1 bit。通常，在无特殊说明的情况下，都把一个二进制码元所传的信息量视为 1 bit，即指每秒传送的二进制码元数目。在二进制数字通信系统中，码元传输速率与信息传输速率在数值上是相等的，但是单位不同，意义不同，不能混淆。在多进制系统中，多进制的进制数与对应的等效二进制码元数的关系为

$$N = 2^n \tag{1-5}$$

式中：N 是进制数；n 是二进制码元数。这时信息传输速率和码元传输速率的关系为

$$R_b = R_B \text{lb} N \quad (\text{b/s}) \tag{1-6}$$

（3）频带利用率（η）。

在比较模拟通信和数字通信两个通信系统的有效性时，单看它们的传输速率是不够的，或者说虽然两个系统的传输速率相同，但它们的系统效率可能是不一样的，因为两个系统可能具有不同的带宽，从而使它们传输信息的能力就不同。因此，衡量数字通信系统效率的另一个重要指标是系统的频带利用率 η。η 定义为

$$\eta = \frac{\text{码元传输速率}}{\text{频带宽度}} \quad (\text{Bd/Hz}) \tag{1-7}$$

或

$$\eta = \frac{\text{信息传输速率}}{\text{频带宽度}} \quad (\text{b/(s · Hz)}) \tag{1-8}$$

通信系统所占用的频带越宽，传输信息的能力就越大；系统的频带利用率越高，其有效性发挥的也就越好。

【例 1-4】　某二进制系统 1 min 传送了 18 000 bit 信息。问：

（1）其码元传输速率和信息传输速率各为多少？

（2）若改用八进制传输，则码元传输速率和信息传输速率各为多少？

解：

（1）
$$R_b = \frac{18\ 000}{60} = 300 \ \text{b/s}$$

$$R_B = R_b = 300 \ \text{Bd}$$

（2）
$$R_b = \frac{18\ 000}{60} = 300 \ \text{b/s}$$

$$R_B = \frac{R_b}{\text{lb} 8} = 100 \ \text{Bd}$$

2）可靠性指标

由于信号在传输过程中不可避免地受到外界的噪声干扰，信道的不理想也会带来信号的畸变，当噪声干扰和信号畸变达到一定程度时，就可能导致接收的信号出现差错。衡量通信系统可靠性的指标是传输的差错率，常用误码率、误比特率和误字符率或误码组率等表示。

（1）误码率（P_e）。

误码率（P_e）是指通信过程中系统传错的码元数目与所传输的总码元数目之比，即传错码元的概率，记为

$$P_e = \frac{\text{传错码元的数目}}{\text{传输的总码元数目}} \tag{1-9}$$

误码率是衡量通信系统在正常工作状态下传输质量优劣的一个非常重要的指标，它反映了信息在传输过程中受到损害的程度。误码率的大小反映了系统传错码元的概率大小。误码率一般是指某一段时间内的平均误码率。对于同一条通信线路，由于测量的时间长短不同，误码率也不一样。在测量时间长短相同的条件下，测量时间的分布不同，如上午、下午和晚上，则它们的测量结果也不同。

（2）误比特率（P_b）。

误比特率是指通信过程中系统传错的信息比特数目与所传输的总信息比特数之比，即传错信息比特的概率，也称误信率，记为

$$P_b = \frac{\text{传错比特的数目}}{\text{传输的总比特数目}} \qquad (1-10)$$

误比特率的大小，反映了信息在传输中由于码元的错误判断而造成的传输信息错误的大小，它与误码率从两个不同层次反映了系统的可靠性。在二进制系统中，误码数目就等于传错信息的比特数，即 $P_e = P_b$。

【例 1-5】 在强干扰环境下，某电台在 5 min 内共接收到正确信息量 355 kb，假设系统信息传输速率为 1200 b/s。问：

（1）系统的误信率是多少？

（2）若具体指出系统所传数字信号为四进制信号，其误信率是否改变？为什么？

解：

（1）系统 5 min 内传输的总信息量为

$$I = 5 \times 60 \times 1200 \text{ b} = 360 \text{ kb}$$

所以

$$P_b = \frac{360-355}{360} \approx 1.39 \times 10^{-2}$$

（2）由于信息传输速率未变，故传输的总信息量不变，错误接收的信息量也未变，故误信率不变。

【巩固练习】

1. 已知二进制离散信源(0,1)，每一个符号波形等概率独立发送，求传送二进制波形之一的信息量。

2. 设有 4 个消息 A、B、C、D 分别以概率 1/4、1/8、1/8、1/2 传送，假设它们的出现是相互独立的，试求每个消息的信息量和信息源的熵。

3. 一个离散信号源每毫秒发出 4 种符号中的一个，各相应独立符号出现的概率为 0.4、0.3、0.2、0.1，求该信号源的平均信息量与信息传输速率。

4. 某离散信号源由 5 个符号 0、1、2、3 和 4 组成，它们出现的概率分别为 $\frac{1}{2}$、$\frac{1}{16}$、$\frac{1}{16}$、$\frac{1}{8}$ 和 $\frac{1}{4}$，且每个符号的出现都是独立的，求消息 0224010403021123010302120413223100400221003142020030142002140201420 的信息量。

5. 黑白电视机的图像每秒传输 25 帧，每帧有 625 行，屏幕的宽度与高度之比为 4∶3。设图像的每个像素的亮度有 10 个电平，各像素的亮度相互独立，且等概率出现，求电视图像给观众的平均信息速率。

6. 某数字传输系统传送二进制码元的速率为 1200 B，试求该系统的信息传输速率。若该系统改成传送十六进制，码元速率为 2400 B，此时该系统的信息速率又是多少？

7. 已知某四进制数字信号传输系统的信息速率为 2400 b/s，接收端在 0.5 h 内共接收

到 216 个错误码元，求该系统的误码率 P_e。

8. 设某数字传输系统的码元宽度为 $T_b = 2.5~\mu s$，试求：

（1）数字信号为二进制时，码元速率和信息速率；

（2）数字信号为八进制时，码元速率和信息速率。

9. 某电台在强干扰环境下，5 min 内共收到正确信息量为 355 Mb，假定系统信息速率为 1200 kb/s。

（1）试求系统误信率 P_b 是多少；

（2）假定信号为四进制信号，系统码元传输速率为 1200 kB，则 P_b 是多少？

10. 某一数字通信系统传输的是四进制码元，4 s 传输了 8000 个码元。

（1）求系统的码元速率和信息速率；

（2）若另一通信系统传输的是十六进制码元，6 s 传输了 7200 个码元，求它的码元速率和信息速率；

（3）请指出哪个系统传输速度快。

第 2 章　　模拟信号数字化

在日常生活中，有很多通信系统信源输出的信号是模拟信号，像电话、传真、图像系统等，为了能让这些模拟信号在数字通信系统中传输，需要将这些模拟信号数字化。将语音信号数字化的过程称为语音编码，将图像信号数字化的过程称为图像编码，这两类编码原理基本相似。对于语音编码来说，它分为波形编码、参量编码和混合编码 3 类。

波形编码是将时域的模拟语音波形信号转换成数字语音信号，具有码速率高、接收端恢复的信号质量好的特点。典型波形编码方式有脉冲编码调制（PCM）、自适应脉冲编码调制（ADPCM）等。

参量编码是基于人类语言的发音机理，先找出表征语音的特征参量，然后对特征参量进行编码。参量编码具有传输速率低且在接收端恢复出的信号质量较差的特点。

混合编码是结合了波形编码和参量编码优势的一种语音编码方式，典型的混合编码方式有规则脉冲激励长期预测编码（RPT-MTP）、代数码本激励线性预测编码（ACELP）等。

一个系统若想传输高质量的语音信号，一般应选择波形编码来实现模/数转换。本章以 PCM 为例进行介绍。

2.1　脉冲编码调制（PCM）

问题 2-1　什么是脉冲编码调制？它可用于什么系统？

在电话系统中，信息源端输出的语音信号均为模拟信号，若要实现语音信号的数字传输，则必须完成模/数转换。目前我国公共电话交换网 PSTN 中采用的模/数转换技术是脉冲编码调制（PCM），其转换过程分为抽样、量化、编码 3 个步骤，如图 1-2-1 所示。

第 5 讲　信源编码

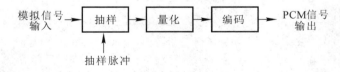

图 1-2-1　基于 PCM 的信号转换过程

第一步抽样：一般来说，信号的抽样是等间隔进行的，它把在时间上连续的信号转换成了在时间上离散的信号，但信号的取值仍然连续，所以信号仍然是模拟信号。

第二步量化：量化把时间上离散、取值连续的模拟信号转换成了时间离散、取值有限的数字信号。

第三步编码：编码将量化后的数字信号转换成用 0、1 表示的二进制信号。

图 1-2-2(a) 至图 1-2-2(d) 展示了模拟信号经 PCM 处理的波形图。

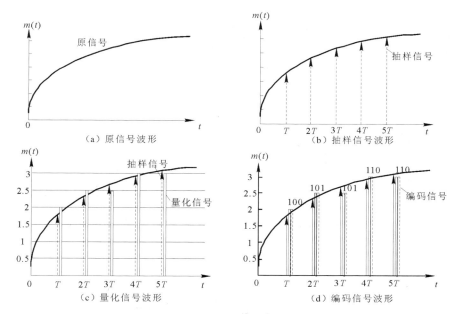

图 1-2-2 模拟信号经 PCM 处理的波形图

2.2 抽 样

如果想把时间连续的模拟信号变成用 0 和 1 表示的数字信号，则必须先抽样。但是，很显然，抽样以后的信号与原来的信号是不同的。能否从抽样信号中恢复出原信号呢？答案是肯定的，但需要满足抽样定理。

问题 2-2 低通信号抽样定理是什么？

低通抽样定理数学模型如图 1-2-3(a)所示，在图中可以看到原信号 $m(t)$ 经抽样脉冲 $\delta_T(t)$ 抽样后变成 $m_s(t)$，再经过低通滤波器输出信号 $m_o(t)$，要想使 $m_o(t)$ 与原信号 $m(t)$ 一致，抽样脉冲 $\delta_T(t)$ 的抽样频率 f_s 应满足的条件是什么？下面结合图 1-2-3(b) 至图 1-2-3(k)进行分析。

如图 1-2-3(b)所示为一模拟信号 $m(t)$ 的波形，其频谱 $M(f)$ 波形如图 1-2-3(c) 所示，可以看出该信号的频谱限制 f_H 之内。

抽样脉冲波形如图 1-2-3(d)所示，表达式可写成

$$\delta_T(t) = \sum_{n=-\infty}^{\infty} \delta(t - nT_s) \tag{2-1}$$

经傅里叶变换，可得到其频谱为

$$\delta_T(f) = \frac{1}{T_s} \sum_{n=-\infty}^{\infty} \delta(f - nf_s) \tag{2-2}$$

其中 $f_s = 1/T_s$。其频谱波形如图 1-2-3(e)所示。

根据低通抽样定理数学模型可知，信号抽样的过程就是模拟信号 $m(t)$ 与抽样脉冲 $\delta_T(t)$ 相乘的过程，因此得到抽样后的信号(简称为样值信号)为

$$m_s(t) = m(t)\delta_T(t) = \sum_{n=-\infty}^{\infty} (nT_s)\delta(t - nT_s) \tag{2-3}$$

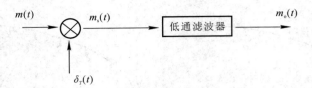

（a）低通抽样定理数学模型

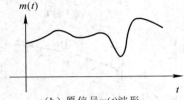

（b）原信号$m(t)$波形

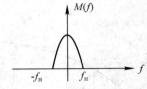

（c）原信号$m(t)$的频谱波形

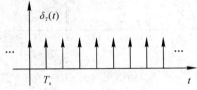

（d）抽样脉冲$\delta_T(t)$波形

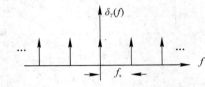

（e）抽样脉冲$\delta_T(t)$的频谱波形

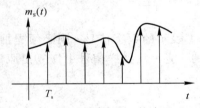

（f）抽样后信号$m_s(t)$的波形

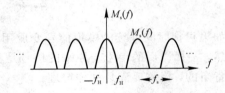

（g）抽样后信号$m_s(t)$的波形

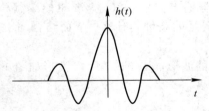

（h）低通滤波器时域波形图

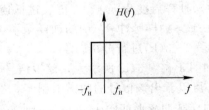

（i）低通滤波器频域波形图

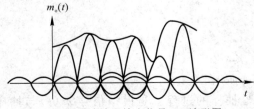

（j）低通滤波器输出信号$m_o(t)$波形图

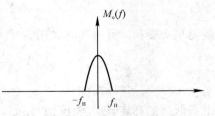

（k）低通滤波器输出信号$m_o(t)$频谱波形图

图 1 - 2 - 3　低通抽样定理过程图

根据频域卷积定理，时域相乘相当于频域卷积，所以样值信号频谱为

$$M_s(f)=M(f)\delta_T(f)=M(f)\frac{1}{T_s}\sum_{n=-\infty}^{\infty}\delta(f-nf_s)=\frac{1}{T_s}\sum_{n=-\infty}^{\infty}M(f-nf_s) \quad (2-4)$$

$m_s(t)$ 与 $M_s(f)$ 的波形分别如图 1-2-3(f)、图 1-2-3(g) 所示。从图中可以看出，抽样后信号的频谱 $M_s(f)$ 相当于把原信号的频谱搬移到了 0、$\pm f_s$、$\pm 2f_s$、…处，其中 $n=0$ 时的频谱即为原信号的频谱，只是幅度有了变换。图 1-2-3(g) 中，由于 f_s 满足 $f_s\geqslant 2f_H$，重复的频谱没有发生混叠，因此可以用截止频率为 f_H 的理想低通滤波器进行滤波，得到原信号的频谱 $M(f)$，即无失真的恢复原信号 $m(t)$。反之，若 $f_s<2f_H$，重复的频谱将会发生混叠，则无法利用低通滤波器还原信号。

为了还原信号，理想低通滤波器的传输表达式可写为

$$H(f)=\begin{cases}1, & |f|\leqslant f_H \\ 0, & |f|>f_H\end{cases} \quad (2-5)$$

对应的时域、频域波形分别如图 1-2-3(h) 和图 1-2-3(i) 所示。样值信号 $m_s(t)$ 经过低通滤波器后，其频谱表达式可写为

$$M_o(f)=M_s(f)H(f)=\frac{1}{T_s}\sum_{n=-\infty}^{\infty}M(f-nf_s)H(f)=\frac{1}{T_s}M(f) \quad (2-6)$$

经傅里叶变换得

$$m_o(t)=\frac{1}{T_s}m(t) \quad (2-7)$$

从式 (2-7) 可以看出 $m_o(t)$ 与 $m(t)$ 的波形一致，只有幅度上的变化。

经过上面的分析可知，要在接收端利用抽取的样值完整地恢复出原信号，其抽样频率 f_s 应满足

$$f_s\geqslant 2f_H \quad (2-8)$$

该条件描述了理论上应选取的抽样速率，这就是有名的低通抽样定理。

低通抽样定理：若一模拟信号 $m(t)$ 中的最高频率为 f_H，在抽样时，选择的抽样时间间隔 T 满足小于等于 $(1/2)f_H$ 时，则抽取的信号能完全确定原信号 $m(t)$。

但在实际应用中，抽样频率 f_s 要比 f_H 稍大，这是因为在实际应用中的滤波器不够陡峭，需要留出一定的保护频带。例如，在电话系统中，语音信号的频率在 300~3400 Hz 之间，在理论上只需以大于等于 6800 Hz 的频率进行抽样即可，但国际电信联盟 ITU-T 规定应以 8000 Hz 的实际抽样频率进行抽取。

问题 2-3 带通信号的抽样定理是什么？

对于带通信号来说，低通抽样定理是不适用的，其带通的带宽可能会远小于信号的中心频率，采样频率也不必过大。

带通抽样定理：对于频带在 f_L~f_H 之间的模拟信号，若信号带宽 $B=f_H-f_L$，则抽样频率应满足

$$\frac{2f_H}{n+1}\leqslant f_s\leqslant \frac{2f_L}{n} \quad (2-9)$$

其中，n 应取小于等于 $\frac{f_L}{B}$ 的最大整数。

2.3 量　　化

　　信号经过抽样后，变成了在时域上离散的模拟信号，但要变成数字信号，还需要进一步处理，量化则是关键的一步。量化可分为均匀量化和非均匀量化两大类。

　　问题 2-4　什么是均匀量化？它具有什么样的特点？

　　均匀量化把输入信号的取值域等距离分割，相邻各个量化级之间的差值相等。图 1-2-4 展示了均匀量化的特性。该量化特性共分为 6 个量化级，量化值取其中间值。若信号在 0 到 Δ 之间，信号量化成 0.5Δ；若信号在 Δ 到 2Δ 之间，信号量化成 1.5Δ；当信号超过 2Δ 时，信号均量化成 2Δ～5Δ。量化过程中，量化误差为量化输出与量化输入的差值。

第 6 讲　量化

在图 1-2-4 中，在 -3Δ 到 3Δ 之间的信号量化误差的绝对值不超过 0.5Δ；当输入信号的绝对值超过 3Δ 时，量化误差将超过 0.5Δ，并且随着量化输入的增大而呈线性增大。

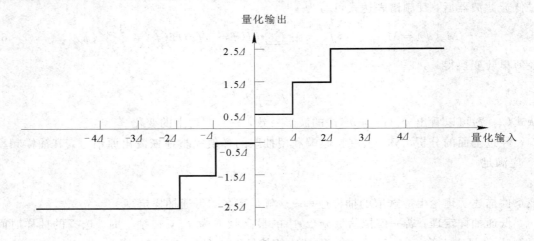

图 1-2-4　均匀量化特性图

　　问题 2-5　什么是非均匀量化？它解决了均匀量化的什么问题？

　　非均匀量化与均匀量化不同，它对大、小信号采用不同的量化级差，对大信号采用大的量化级差，对小信号则采用小的量化级差。因此，与均匀量化相比，非均匀量化的大、小信号信噪比趋于一致，避免了均匀量化中大信号信噪比小信号信噪比过小的问题。正是由于非均匀量化具有这个特性，在实际语音系统中多采用的是非均匀量化。

　　问题 2-6　如何实现非均匀量化呢？

　　在具体量化过程中，需先将信号通过一个压缩器，然后再进行非均匀量化来完成。这里的压缩是指用一个非线性电路将输入电压 x 变换成输出电压 y，即 $y=f(x)$，其压缩特性如图 1-2-5 所示。从图中可以看出，输入的小信号经压缩器后得到了较大的放大，而输入的大信号则基本保持不变。

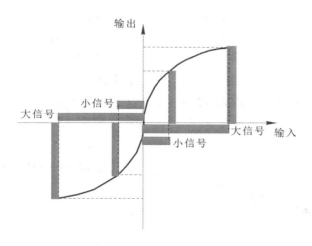

图 1-2-5　不均匀压缩特性图

　　在中国和欧洲采用的压缩方式是 A 律压缩，需对信号做归一化处理，其压缩特性方程如下：

$$y=\begin{cases}\dfrac{Ax}{1+\ln A}, & 0\leqslant x\leqslant\dfrac{1}{A}\\[2mm]\dfrac{1+\ln(Ax)}{1+\ln A}, & \dfrac{1}{A}\leqslant x\leqslant 1\end{cases}\qquad(2-10)$$

　　由特性方程知，A 取值不同时，压缩特性是不一样的。A＝1 时，y＝x，说明没有压缩，就是均匀量化；当 A 值越大，小信号处斜率越大，说明压缩特性越强，能有效改善小信号的信噪比。A 律压缩特性曲线如图 1-2-6 所示。

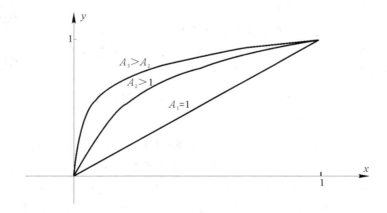

图 1-2-6　A 律压缩特性曲线

　　由 A 律压缩特性方程得到的特性曲线是连续曲线，利用电路实现这样的函数规律比较复杂。因此，在实际中采用 13 折线来近似 A 律（A＝87.6）压缩特性，这不仅保留了 A 律压缩特性的优势，也便于实现。图 1-2-7 展示了 13 折线的压缩特性曲线，图中展示了第一象限的压缩特性，y 轴均匀地被分成 8 段，分段点分别为 1、7/8、6/8、5/8、4/8、3/8、2/8、

1/8；x 轴的 0～1 则按 2 的幂次递减分为 8 段，分段点为 1/2、1/4、1/8、1/16、1/32、1/64、1/128，与 y 轴的 8 段一一对应，从而形成了一个由 8 条直线构成的折线，从小到大依次称为①、②、③、④、⑤、⑥、⑦、⑧段。由于第①段和第②段斜率相同，因此可看成是一条直线，又由于语音信号是双极性信号，因此压缩特性在第三象限应也有 8 段直线，且第①、②段的斜率与第一象限相等，可将这 4 段视为一条直线，于是两个象限共有 13 段直线，故称 13 折线。

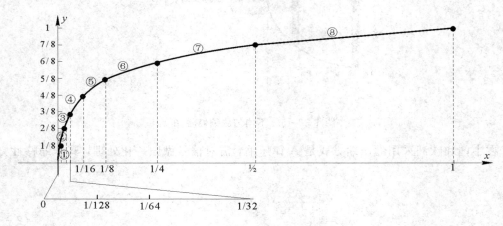
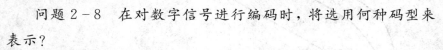

图 1-2-7　13 折线特性曲线图

2.4　编　码

问题 2-7　什么是编码？

信号经过量化后变成了幅值离散的数字信号，但一般情况下，数字通信系统是用二进制代码 0、1 来进行传输的，如何将数字信号转换成 0、1 二进制代码，则是编码将要完成的工作。

第 7 讲　脉冲
编码调制

问题 2-8　在对数字信号进行编码时，将选用何种码型来表示？

常用的二进制码型有自然二进制和折叠二进制两种，以 3 位二进制码为例，表 1-2-1 列出了这两种码型。从表 1-2-1 中可以看出，第 0 至第 3 个量化值对应负极性电压，第 4 至第 7 个量化值对应正极性电压。在自然二进制码中，编码值随序号的增大而依次增大，与极性没有任何关系，而在折叠二进制码中，最高位 c_1 为 0 时对应负极性，最高位 c_1 为 1 时对应正极性，剩余两位 c_2c_3 呈镜像对称关系。对于双极性信号来说，折叠二进制编码方法可以使实现电路大为简化，除此之外，相对于自然二进制码来说，传输中若出现误码，对小信号的影响较小。由于语音编码信号出现小信号的概率较大，因此在语音通信系统中，一般选用折叠二进制码。

表 1 - 2 - 1 　 自然二进制码与折叠二进制码

序号	极性	自然二进制 $b_1b_2b_3$	折叠二进制 $c_1c_2c_3$
7	正极性	111	111
6		110	110
5		101	101
4		100	100
3	负极性	011	000
2		010	001
1		001	010
0		000	011

问题 2 - 9 　 我国 A 律 13 折线的编码规则是怎样的？

我国采用的 A 律 13 折线就采用了 8 位的二进制折叠码，其码型结构如图 1 - 2 - 8 所示。其中 c_1 用来区分信号的极性，当极性为正时，c_1 取 1，当极性为负时，c_1 取 0；$c_2c_3c_4$ 表示段落，用来区分轴上不均匀分割的 8 个段落；$c_5c_6c_7c_8$ 是段内码，它将每个段落内均匀地分成 16 等份，整个段落段内分配结构如图 1 - 2 - 9 所示。

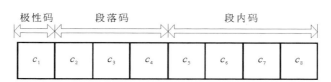

图 1 - 2 - 8 　 二进制折叠码码型结构图

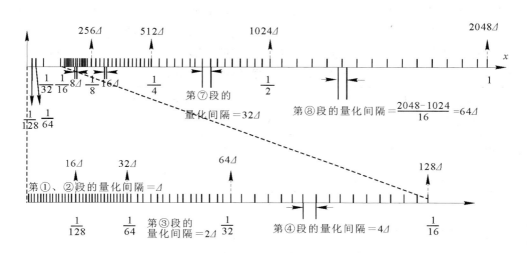

图 1 - 2 - 9 　 段落段内分配结构图

从图 1 - 2 - 9 可以看出，在第①段中其取值范围为 0 到 1/128，它被均匀分成 16 份，每一份称为该段的量化级差，用 Δ_1 表示，其大小为

$$\Delta_1 = \frac{\frac{1}{128} - 0}{16} = \frac{1}{2048}$$

在第②段的取值范围是从 1/128 到 1/64，也被均匀分成 16 份，第②段量化级差 Δ_2 为

$$\Delta_2 = \frac{\frac{1}{64} - \frac{1}{128}}{16} = \frac{1}{2048}$$

同理可得到其他各段的量化级差，分别为

$$\Delta_3 = \frac{\frac{1}{32} - \frac{1}{64}}{16} = \frac{1}{1024}$$

$$\Delta_4 = \frac{\frac{1}{16} - \frac{1}{32}}{16} = \frac{1}{512}$$

$$\Delta_5 = \frac{\frac{1}{8} - \frac{1}{16}}{16} = \frac{1}{256}$$

$$\Delta_6 = \frac{\frac{1}{4} - \frac{1}{8}}{16} = \frac{1}{128}$$

$$\Delta_7 = \frac{\frac{1}{2} - \frac{1}{4}}{16} = \frac{1}{64}$$

$$\Delta_8 = \frac{1 - \frac{1}{2}}{16} = \frac{1}{32}$$

从上面的结果可以看出，第①、②段的量化级差最小（用 Δ 表示），随着段落的增大，量化级差呈 2 次幂成倍增加，这反映了非均匀量化中对小信号有利的特性。

表 1-2-2 和表 1-2-3 分别列出了各段对应的段落码和段内码的编码规则。

表 1-2-2 段落码编码规则

段落序号	段落码 $c_2 c_3 c_4$	段落起始电平	段落结束电平	段落量化级差 Δ_i
⑧	111	1024Δ	2048Δ	$\Delta_8 = 64\Delta$
⑦	110	512Δ	1024Δ	$\Delta_7 = 32\Delta$
⑥	101	256Δ	512Δ	$\Delta_6 = 16\Delta$
⑤	100	128Δ	256Δ	$\Delta_5 = 8\Delta$
④	011	64Δ	128Δ	$\Delta_4 = 4\Delta$
③	010	32Δ	64Δ	$\Delta_3 = 2\Delta$
②	001	16Δ	32Δ	$\Delta_2 = \Delta$
①	000	0	16Δ	$\Delta_1 = \Delta$

表 1 - 2 - 3　段内码编码规则

段内序号	段内码 $c_5c_6c_7c_8$	段内序号	段内码 $c_5c_6c_7c_8$
16	1111	8	0111
15	1110	7	0110
14	1101	6	0101
13	1100	5	0100
12	1011	4	0011
11	1010	3	0010
10	1001	2	0001
9	1000	1	0000

从表 1 - 2 - 2 和表 1 - 2 - 3 可以看出：段落序号与二进制段落码相差 1，可用于表示抽样后的信号处于哪一段；在第①、②段中量化级差相同，均为 Δ，第③段至第⑧段的量化级差呈 2 次幂增加，这是由于 8 个段落均采用了非均匀分隔的方式；在每一个段落中，间隔又被均匀地分成 16 份，因此采用了 4 位线性码来区分量化电平所在段内。抽样后的信号经过量化、编码后的电平称为码字电平，可表示为

$$码字电平 = 段落起始电平 + (8c_5 + 4c_6 + 2c_7 + c_8) \times \Delta_i$$

码字电平与原样值信号差值的绝对值称为发端量化误差，可表示为

$$发端量化误差 = |码字电平 - 原样值信号|$$

【例】　设输入语音信号抽样值的动态范围在 $-5 \sim +5$ V 之间，将此动态范围划分为 4096 个量化单位 Δ。当输入抽样值为 -4.3 V 时，将其按照 A 律 13 折线特性编码，并确定发端量化误差。

解：

（1）对抽样值做归一化：

$$\frac{4.3}{5} = 0.86$$

$$0.86 \times 2048\Delta = 1761\Delta$$

所以归一化的样值信号为 1761Δ。

（2）进行 A 律 13 折线 PCM 编码：

确定极性：因为样值信号极性为负，所以极性码 $c_1 = 0$；

确定段落：因为 1761Δ 位于第⑧段，所以段落码 $c_2c_3c_4 = 111$；

确定段内：因为 1761Δ 位于第⑧段，所以该段落起始电平为 1024Δ，量化级差 Δ_8 为 64Δ。

又因为 $(1761\Delta - 1024\Delta)/64\Delta = 11.516$，所以 1761Δ 位于第⑧段的第⑫段内。

因此段内码 $c_5c_6c_7c_8 = 1011$，样值电平 -4.2 V 的编码结果为 01111011。

（3）确定量化误差：

$$码字电平 = 段落起始电平 + (8c_5 + 4c_6 + 2c_7 + c_8) \times \Delta_8$$
$$= 1024\Delta + (8 \times 1 + 4 \times 0 + 2 \times 1 + 1) \times 64\Delta$$
$$= 1728\Delta$$

$$发端量化误差 = |码字电平-原样值信号|$$
$$= |1728\Delta - 1761\Delta|$$
$$= 33\Delta$$

模拟信号经过抽样、量化、编码后变成了数字信号,由于抽样频率为 8000 Hz,每个样值用 8 位码来表示,所以最终输出的数字信号速率为

$$8000 个样值/s \times 8 \text{ bit}/样值 = 64 \text{ kb/s}$$

【巩固练习】

一、填空题

1. 模拟信号转换成数字信号,需经过(　　　)、(　　　)、(　　　)3 个步骤。

2. 理论上,对于频率为 700 Hz 的低通信号,选用的抽样频率应至少为(　　　)Hz 才能保证该信号经过低通滤波器后能完整地恢复出原信号。

3. 模拟信号经过 PCM 后,输出的信号速率为(　　　)kb/s。

4. 国际电信联盟规定,对语音信号进行抽样,应选用的抽样频率为(　　　)。

5. 非均匀量化与均匀量化相比,大信号的量化级差(　　　),小信号的量化级差(　　　)。

二、计算题

1. 已知抽样后的样值为 -1100 mV,设 $1\Delta = 1$ mV,将其编码为 8 位 PCM 码。

2. 已知抽样值为 1010Δ,对应的 PCM 为 11101111,计算其发端量化误差。

第 3 章　复用技术与数字复接

问题 3-1　什么是复用技术？为什么要进行复用？

3.1　复用技术简介

当一条物理信道的传输能力高于一路信号的需求时，该信道就可以被多路信号共享，例如电话系统的干线通常有数千路信号在一根光纤中传输。复用技术就是解决如何利用一条信道同时传输多路信号的技术，其目的是为了充分利用信道的频率或时间资源提高信道的利用率。

第 8 讲　复用技术

问题 3-2　复用技术有哪些常用的复用方式？

多路复用技术主要有频分复用（FDM）和时分复用（TDM）两大类，示意图如图 1-3-1 所示。波分复用（又分为粗波分复用和密集型波分复用）和统计复用本质上也属于这两种复用技术，另外还有其他复用技术，如码分复用、极化波复用和空分复用等。

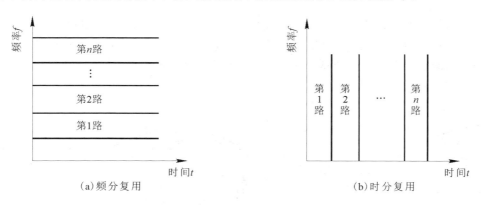

(a)频分复用　　　　　　　　　　　　(b)时分复用

图 1-3-1　多路复用示意图

频分复用（FDM）——载波带宽被划分为多种不同频带的子信道，每个子信道可以并行传送一路信号，FDM 多用于模拟信号传输过程。

时分复用（TDM）——在交互时间间隔内在同一信道上传送多路信号，TDM 广泛用于数字信号传输过程。

码分复用（CDM）——依靠不同的地址码来区分不同的用户，所有的用户使用相同的频率和在相同的时间在同一地区通信，每个信道都有各自的代码，并可以在同一光纤上进行传输以及异步解除复用。

波分复用（WDM）——在一根光纤上使用不同波长同时传送多路光波信号，WDM 主要用于光纤信道。WDM 与 FDM 基于相同的原理，但它应用于光纤信道的光波信号传输过程。

粗波分复用(CWDM)——是 WDM 的扩张。每根光纤传送 4～8 种波长,甚至更多,应用于中型网络系统(区域或城域网)。

密集型波分复用(DWDM)——是 WDM 的扩展。典型 DWDM 系统支持 8 种以上波长,甚至支持上百种波长。

问题 3-3　什么是时分复用技术(TDM)?

实际中,随着数字通信技术的发展,人们更多地采用时分复用技术——按时间区分信号的技术,简记为 TDM。

时分复用技术(TDM)以抽样定理为基础,通过抽样使取值连续的模拟信号成为一系列离散的样值脉冲。这样就使同一路信号的各抽样脉冲之间产生了时间空隙,从而使其他路信号的抽值脉冲可以利用这个空隙进行传输,于是就在同一个信道中同时可传送若干路信号。基带信号时分复用原理如图 1-3-2 所示。

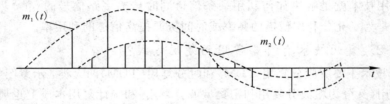

图 1-3-2　基带信号时分复用原理

同一路信号两个样值脉冲之间的间隔越大,每个样值持续的时间越短,则信道可以共用的信号路数就越多。三路时分复用波形示意图如图 1-3-3 所示。同一路传输相邻两个码元的时间间隔要有一定的限制,以避免信号相互干扰。同时收、发两端的时分复用器应保持严格的同步。

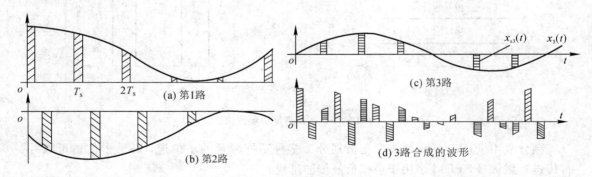

图 1-3-3　3 路时分复用波形示意图

在时分多路复用的过程中,如果各路信号在每一帧中所占时隙的位置是预先指定且固定不变的,则称之为同步时分多路复用,简称 STDM。如图 1-3-4 所示为同步时分多路复用系统示意图。由于各路信号数据量大小可能不一样,且它们在各个取样时刻的情况也各不相同,因此这种 STDM 方式将产生资源浪费。

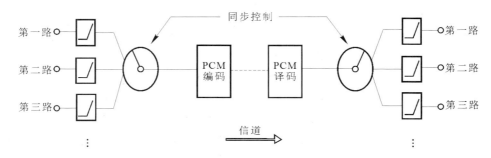

图 1-3-4 同步时分多路复用系统示意图

统计时分多路复用简称 ATDM，也叫异步时分多路复用。ATDM 通过动态地分配时隙来进行数据传输，根据各路信号的传送信息量大小来分配时隙多少，这样就提高了频带利用率。

问题 3-4 什么是 PCM30/32 系统？

目前数字语音通信一般都采用时分多路复用方式进行远距离传输，执行标准是 CCITT 推荐的两种系列：一是欧洲和我国使用的 PCM30/32 路系列；另一个是北美和日本使用的 PCM24 路序列。

如图 1-3-5 所示为一个只有三路时分复用的 PCM 系统框图。图 1-3-5(a)为发送

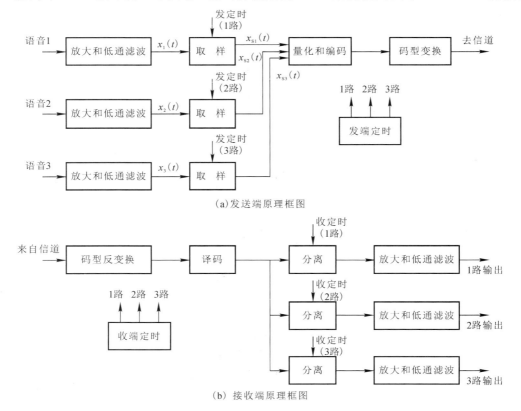

(a)发送端原理框图

(b) 接收端原理框图

图 1-3-5 时分复用的 PCM 系统框图

端原理方框图。输入的语音信号经过放大和低通滤波后得到 $x_1(t)$、$x_2(t)$ 和 $x_3(t)$，再经过抽样得到 3 路 PAM 信号 $x_{s1}(t)$、$x_{s2}(t)$ 和 $x_{s3}(t)$，它们在时间上是分离的，由各路发送的定时抽样脉冲进行控制，然后将 3 路的 PAM 信号一起加到量化和编码器内进行量化和编码，每个 PAM 信号的抽样脉冲经过量化后编码为 8 位二进制代码。编码后的 PCM 代码经码型变换，变为适合于信道传输的码型（例如 HDB3 码），最后经过信道传输到接收端。

图 1-3-5(b) 为接收端的原理方框图。当接收端收到信号后，首先经过码型反变换，然后加到译码器进行译码，译码后得到的是 3 路合在一起的 PAM 信号，再经过分离电路把各路的 PAM 信号分离开来，最后经过放大和低通滤波还原为语音信号。

问题 3-5　PCM30/32 系统的帧结构包含哪些部分？

通常把多路数字信码以及插入的各种 PN 码按照一定的时间顺序进行排列的数字码流组合就是帧结构。将反映帧长、时隙、码位位置关系的时间图叫做帧结构图。

在 PCM 通信中，信号是一帧一帧传送的，每帧（Frame）中包括了多路语音数字码以及各种插入的 PN 码，这样形成的 PCM 信号称为 PCM 一次群信号。现以 PCM30/32 路电话系统为例来说明时分复用的帧结构。

时分多路复用的方式是用时隙来分割的，每一路信号分配一个时隙叫路时隙，帧同步码和信令码也各分配一个路时隙。PCM30/32 整个系统共分为 32 个路时隙，其中 30 个路时隙分别用来传送 30 路语音信号，一个路时隙用来传送帧同步码，另一个路时隙用来传送信令码。如图 1-3-6 所示是 CCITT 建议的帧结构。

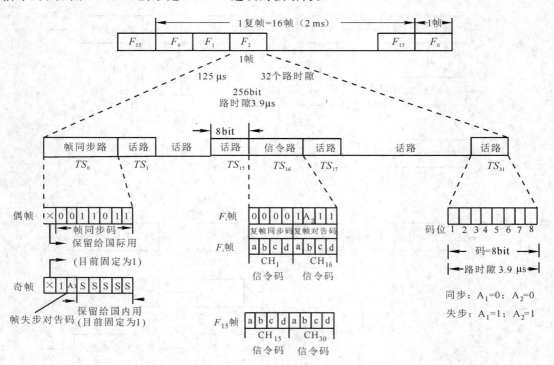

图 1-3-6　CCITT 建议的帧结构

从图中可看出，PCM30/32 路系统中一个复帧包含 16 帧，编号为 F_0 帧、F_1 帧…F_{15}

帧，一复帧的时间为 2 ms。每一帧（每帧的时间为 125 μs）又包含有 32 个路时隙，其编号为 $TS_0 \sim TS_{31}$，每个路时隙的时间为 3.9 μs。每一路时隙又包含有 8 个位时隙，其编号为 $D_1 \sim D_8$，每个位时隙的时间为 0.488 μs。

路时隙 $TS_1 \sim TS_{15}$ 分别传送第 1 路至第 15 路的信码，路时隙 $TS_{17} \sim TS_{31}$ 分别传送第 16 路～第 30 路的信码。偶帧 TS_0 时隙传送帧同步码，其码型为 $\times 0011011$。奇帧 TS_0 时隙码型为 $\times 1A_1 SSSSS$，其中 A_1 是对端告警码，$A_1 = 0$ 时表示帧同步，$A_1 = 1$ 时表示帧失步；S 为备用比特，可用来传送业务码；$\times$ 为国际备用比特或传送循环冗余校验码（CRC 码），它可用于监视误码。F_0 帧 TS_{16} 时隙前 4 位码为复帧同步码，其码型为 0000；后 4 位码为复帧对告码，其码型为 $1A_2 11$，其中 A_2 为复帧失步对告码。$F_1 \sim F_{15}$ 帧的 TS_{16} 时隙用来传送 30 个话路的信令码。F_1 帧 TS_{16} 时隙前 4 位码用来传送第 1 路信号的信令码，后 4 位码用来传送第 16 路信号的信令码。直到 F_{15} 帧 TS_{16} 时隙前后各 4 位码分别传送第 15 路、第 30 路信号的信令码，这样一个复帧中各个话路分别轮流传送信令码一次。按图 1－3－6 所示的帧结构，并根据抽样理论，每帧频率应为 8000 帧/秒，帧周期为 125 μs，所以 PCM30/32 路系统的总数码率为 $f_b = 8000（帧/秒）\times 32（路时隙/帧）\times 8（bit/路时隙）= 2048\ kb/s = 2.048\ Mb/s$。

3.2　数字复接技术

问题 3－6　什么是数字复接？为何要进行数字复接？

第 9 讲　数字复接技术

在频分制载波系统中，高次群信号是由若干个低次群信号通过频谱搬移并叠加而成的。例如，60 路载波由 5 个 12 路载波经过频谱搬移叠加而成的 1800 路载波由 30 个 60 路载波经过频谱搬移叠加而成。

在时分制数字通信系统中，为了扩大传输容量和提高传输效率，常常需要将若干个低速数字信号合并成一个高速数字信号流，以便在高速宽带信道中传输。数字复接技术就是解决 PCM 信号由低次群到高次群合成的技术。

扩大数字通信容量有两种方法。一种方法是采用 PCM30/32 系统（又称基群或一次群）复用的方法。例如需要传送 120 路电话时，可将 120 路语音信号分别用 8 kHz 抽样频率抽样，然后对每个抽样值进行 8 位编码，其数码率为 $8000 \times 8 \times 120 = 7680\ kb/s$。由于每帧时间为 125 μs，每个路时隙的时间只有 1 μs 左右，这样每个抽样值编码 8 位码的时间只有 1 μs 时间，其编码速度非常高，这对编码电路及元器件的速度和精度要求很高，实现起来非常困难。但这种方法从原理上讲是可行的，这种对 120 路语音信号直接编码复用的方法称 PCM 复用。另一种方法是将几个（例如 4 个）经 PCM 复用后的数字信号再进行时分复用，形成更多路的数字通信系统。显然经过数字复用后的信号的数码率提高了，但是对每一个基群编码速度没有提高，实现起来比较容易，因此目前广泛采用这种方法提高通信容量。由于数字复用是采用数字复接的方法来实现的，故又称数字复接技术。

数字复接系统包括发送数字复接器和接收数字分接器两大部分，其组成原理如图 1－3－7 所示。复接器在发送端把两个以上的支路信号按时分复用方式合并为一个合路数字信号；分接器则在接收端把一个合路信号分解为原来的各支路数字信号。

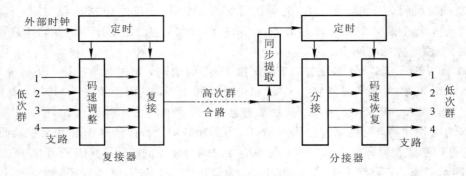

图 1 - 3 - 7　数字复接系统组成原理

复接器由定时、码速调整和复接 3 部分组成。定时单元给复接器提供一个统一的基准时钟；码速调整单元把速率不同的各支路信号进行调整，使各支路信号的速率完全一致；复接单元则完成将速率一致的各支路数字信号按规定顺序复接为高次群的任务。

分接器由同步提取、定时、分接和码速恢复 4 部分组成。定时单元利用由接收信号序列中提取的时钟来推动同步提取单元控制分接器的基准时钟与复接器的基准时钟保持正确的相位关系，使收、发保持同步，分接单元对合路信号实施时间分离，形成同步支路数字信号，然后由码速恢复单元把它们恢复成原来的支路数字信号。

问题 3 - 7　复接方式有哪些？

数字复接过程中，根据各支路数码在高次群中的排列方式可把复接分为按位复接、按路复接和按帧复接 3 种。

（1）按位复接又叫比特复接，每次只依次复接每个支路的一位码元。复接后的码序列中第一位表示第一支路的第一位码，第二位表示第二支路的第一位码，以后各支路依次类推。各个支路第一位码都取过之后，再循环取以后的第二位、第三位等。按位复接设备简单，要求存储容量小，但不利于信号的交换处理，且要求各支路的码速和相位必须相同。

（2）对 PCM 基群而言，一路信号在一帧中的一个时隙里有 8 位码，复接时先将这 8 位码寄存起来，再在规定时隙内将 8 位码一次复接完，即各个支路轮流按顺序一次复接 8 位码，这种方式就是按路复接。它有利于多路合成处理和交换，但要求存储容量较大，电路相对复杂。

（3）按帧复接每次复接一个支路的一帧数码（如 PCM30/32 路基群，一帧含有256 bit）。这种复接不破坏原来各支路的帧结构，有利于交换，但要求存储容量在 3 种方式中最大。

按复接器输入端各支路信号与本机定时信号的关系，数字复接分为同步复接和异步复接两大类。

（1）同步复接。

同步复接是指复接器各输入支路数字信号相对于本机定时信号是同步的，只需调整相位即可实施复接。同源信号的复接为同步复接（同源信号是指各个信号由同一主时钟产生）。同步复接是用一个高稳定的主时钟来控制被复接的几个低次群信号，使这几个低次群信号的码速统一在主时钟的频率上，达到同频、同相，即不仅低次群信号速率相同，而且其码元边缘也对齐。二次群同步复接器的方框图如图 1 - 3 - 8 所示。

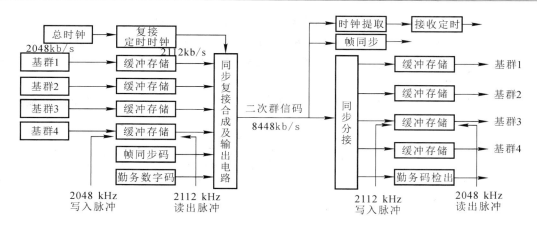

图 1-3-8 二次群同步复接器方框图

（2）异步复接。

若复接器各输入支路数字信号相对于本机定时信号是异步的，则需要对各个支路进行频率和相位调整，使之成为同步的数字信号，然后实施同步复接，称为异步复接。异步复接原理框图如图 1-3-9 所示。

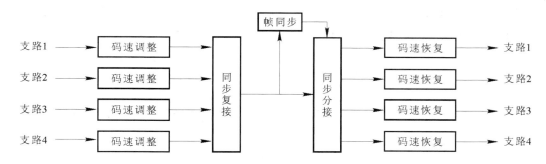

图 1-3-9 异步复接原理框图

异源信号的复接为异步复接（异源信号是指信号由不同的时钟源产生）。在异源信号中，各信号的对应生效瞬间为同一标称速率（速率变化限制在规定范围内），则称为准同步信号。绝大多数异步复接都属于准同步信号的复接。在异步复接中，若解决了将非同步信号变成同步信号的问题，则采用码速调整方法即可实施同步复接。

问题 3-8 数字复接中为什么要进行码速调整？

几个低次群数字信号复接成一个高次群数字信号时，如果各个低次群（例如 PCM30/32 系统）的时钟是各自产生的，即使它们的标称数码率相同，都是 2048 kb/s，但它们的瞬时数码率也可能是不同的。因为各个支路的晶体振荡器的振荡频率不可能完全相同（CCIT 规定 PCM30/32 系统的瞬时码元速率为 2048 kb/s±100 b/s），几个低次群复接后的数码就会产生重叠或错位，因此，数码率不同的低次群信号是不能直接复接的。为此，在复接前要使各低次群信号的数码率同步，同时也要使复接后的数码率符合高次群帧结构的要求。由此可见，将几个低次群复接成高次群时，必须采取适当的措施，以调整各低次群信号的数码率使其同步。

码速调整有正码速调整、正/负码速调整和正/零/负码速调整 3 种。

正码速调整是指当复接设备分配给各支路的同步时钟频率 f_m 高于各支路时钟频率 f_1 时，将被复接的支路码元速率都调高，使其同步到某一规定码元速率上的过程，它是目前应用最为广泛的码速调整方式。

正/负码速调整方式以同步复接时钟的标称频率 f_m 为基准，对码元速率低于该标称频率的支路信号码元插入适当数量的脉冲；而对码元速率高于该标称频率的支路信码则抽出一定数量的信号码元从额外通道传送，在接收端再将这些抽出的信号码元补上；对于码元速率恰好等于该标称频率的支路信码，则不经过调整就可保持正常的同步复接。

正/零/负码速调整是真正的 3 种调整情况，即正调整、负调整和不调整，其中不调整就是按标称值正常传输。

3.3　数字复接系统

问题 3-9　什么是 PDH 系统？

脉冲编码调制（PCM）技术在复接一次群时，采用同步复接，但在复接二、三、四次群时采用准同步（异步）复接。为复接方便，

第 10 讲　数字复接系统

对各支路比特流之间的异步范围作了规定，这种对传输速率偏差的约束即为准同步工作。相应的传输速率则称为准同步数字系列（PDH），如图 1-3-10 所示。

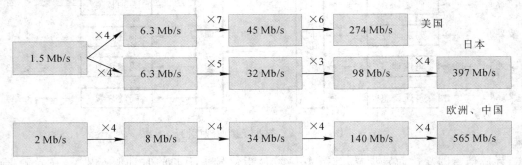

图 1-3-10　PDH 数字速率系列

CCITT 推荐了两类数字速率系列和数字复接等级：一是以北美和日本采用的 1.544 Mb/s 作基群的数字速率系列；二是以欧洲和我国采用的 2.048 Mb/s 作基群的数字速率系列。

1. PDH 复接原理

（1）异步复用。PDH 复接通常需要对各个支路进行频率和相位调整，使之成为同步的数字信号，然后实施同步复接，即采用异步复接方式。

（2）按比特复用。PDH 复接通常按复接支路的顺序，每次复接一个支路的 1 bit 信号，依次轮流复接各支路信号，即完成逐位（逐比特）的复接，这种按位复接方式简单易行，且对存储器容量要求不高。

（3）采用正码速调整。PDH 异步信号在发送端需要将各支路信号进行同步，通常采用正码速调整方式将复接低次群的码速都调高，使其同步到某一规定的较高码速上，以达到各支路同步，然后再进行复接。

(4) 4 路低速信号复用成 1 路高速信号。PDH 均采用 4 路低速信号复接 1 路高速信号的复接方式，如图 1-3-11 所示。PDH 准同步基群信号可依次复用成二次群信号、三次群信号、四次群信号等，各次群信号均有国际统一标准。

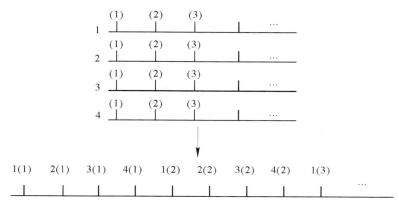

图 1-3-11 PDH 复接过程

2. PDH 的主要特点

(1) PDH 网络存在 2 Mb/s 和 1.5 Mb/s 两大数字系列及三个地区性标准，没有世界性标准。三者互不兼容造成国际间互通困难。

(2) PDH 网没有统一的光接口规范，导致各个厂家自行开发光接口和线路码型，使得在同一数字等级上光接口的信号速率不一样。

(3) 我国 PDH 系列只有一次群是同步复接，其他从低次群到高次群均为异步复接，需要通过码速的调整来匹配和容纳时钟的差异。

(4) PDH 系列的帧结构中，用于网络操作、管理和维护(OAM)的比特太少，因此在进行光路上的线路编码时，PDH 要增加冗余编码来完成线路性能监控功能。

问题 3-10 什么是 SDH 系统？

1. SDH 概述

同步数字系列(Synchronous Digital Hierarchy，SDH)的构想起始于 20 世纪 80 年代中期，由同步光纤网(Synchronous Optical Network，SONET，亦称同步光网络)演变而成。它不仅适用于光纤传输，亦适用于微波及卫星等其他传输手段，并且使原有人工配线的数字交叉连接(DXC)方法可有效地按动态需求方式改变传输网络拓扑，充分发挥了网络构成的灵活性与安全性，而且其网络管理功能大大增强。因此，SDH 将成为 B-ISDN(宽带综合业务数字网)的重要支撑，形成一种较为理想的新一代传送网络(Transport Network)体制。

SDH 由一些基本网络单元(例如复接/去复接器，线路系统及数字交叉连接设备等)组成，在光纤、微波、卫星等多种介质上可进行同步信息传输、复接/去复接和交叉连接，因而具有以下优越性。

(1) 使北美、日本、欧洲三个地区性 PDH 数字传输系列在 STM-1 等级上获得了统一，真正实现了数字传输体制方面的全球统一标准。

(2) 其复接结构使不同等级的净负荷码流在帧结构上有规则排列，并与网络同步，从而可简单地借助软件控制即能实施由高速信号中一次分支或插入低速支路信号，避免了对全部高速信号进行逐级分解复接的做法，省却了全套背对背复接设备，这不仅简化了上、下业务作业，而且也使 DXC 的实施大大简化与动态化。

（3）帧结构中的维护管理比特流大约占 5%，大大增强了网络维护管理能力，可实现故障检测、区段定位、业务中性能监测和性能管理，如单端维护等多种功能，有利于 B-IS-DN 综合业务高质量、自动化运行。

（4）由于将标准接口综合进了各种不同网络单元，减少了将传输单元和复接单元分开的必要性，从而简化了硬件构成，同时此接口亦成开放型结构，从而在通路上可实现横向兼容，使不同厂家产品在此通路上可互通，节约相互转换等成本及减少性能损失。

（5）SDH 信号结构中采用字节复接等设计已考虑了网络传输交换的一体化，从而在电信网的各个部分(长途、市话和用户网)中均能提供简单、经济、灵活的信号互连和管理，使得传统电信网各部分的差别渐趋消失，彼此直接互连变得十分简单、有效。

（6）网络结构上 SDH 不仅与现有 PDH 网能完全兼容，同时还能以"容器"为单位灵活组合，可容纳各种新业务信号。例如局域网中的光纤分布式数据接口(FDDI)信号，市域网中的分布排队双总线(DQDB)信号及宽带 ISDN 中的异步转移模式(ATM)信元等，因此就现有及未来的兼容性而言均能满足。

综上所述，SDH 采用同步复用，具有标准光接口和强大的网络管理能力等特点，在 20 世纪 90 年代中后期得到了广泛应用，并逐步取代了 PDH 设备。

2. SDH 帧结构

SDH 是一整套可进行同步数字传输、复用和交叉连接的标准化数字信号的结构等级。SDH 传送网所传输的信号由不同等级的同步传送模块(STM-N)信号所组成，N 为正整数。ITU-T 目前已规定的 SDH 同步传输模块以 STM-1 为基础，接口速率为 155.520 Mb/s。更高的速率以整数倍增加，为 $155.52 \times N$ Mb/s，它的分级阶数为 STM-N，是将 N 个 STM-1 同步复用而成。即 STM-4 是将 4 个 STM-1 同步复用构成；STM-16 是将 16 个 STM-1(或 4 个 STM-4)同步复用构成；STM-64 是将 64 个 STM-1(或 4 个 STM-16)同步复用构成。SDH 信号标准模块速率如表 1-3-1 所示。

表 1-3-1　SDH 信号标准模块速率

SDH 模块等级	速　率
STM-1	155.520 Mb/s
STM-4	622.080 Mb/s
STM-16	2488.320 Mb/s(简称 2.5 G)
STM-64	9953.280 Mb/s(简称 10 G)
STM-256	39 813.12 Mb/s(简称 40 G)

根据 G.707 的定义，在 SDH 体系中，同步传送模块是用来支持复用段层连接的一种信息结构，它由信息净负荷区和段开销区一起形成一种重复周期为 125 μs 的块状帧结构。这些信息安排适于在选定的媒质上，以某一与网络相同步的速率进行传输。G.707 规定的

STM-N 帧结构如图 1-3-12 所示。ITU-T 已定义的 N 为 1，4，16 和 64。即有 STM-1、STM-4、STM-16 和 STM-64 四个复用等级。为了简单起见，我们只讨论 STM-1 的帧结构，如图 1-3-13 所示。

由图 1-3-12 和图 1-3-13 可以看出，STM-N 帧结构由再生段开销（RSOH）、管理单元指针（AU-PTR）、复用段开销（MSOH）和信息净荷（Pay Load）组成。每一帧都是 9 行，270×N 列，每列宽度为一个字节（8 bit）。信息的发送是先从左到右，再从上到下。每字节内的权值最高位在最左边，称比特 1，它总是第一个发送。

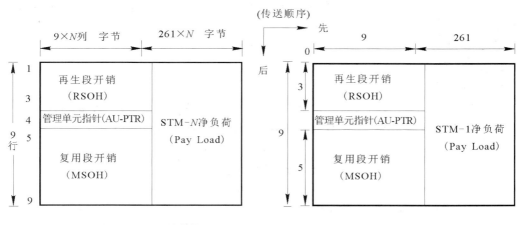

图 1-3-12　STM-N 帧结构　　　　图 1-3-13　STM-1 帧结构

整个 SDH 的帧结构可以分为段开销（SOH）、管理单元指针和信息净负荷三个主要区域。

（1）信息净负荷区域。

信息净负荷区域是帧结构中存放待传送的各种信息码元的地方，其中包含少量用于通道性能监视、管理和控制的通道开销字节（POH）。POH 通常作为净负荷的一部分与信息码元一起在网络中传输。

（2）段开销（SOH）区域。

段开销区域是为保证净负荷在再生段和复用段正常传送所必需的附加字节，主要是供网络运行、管理和维护使用的字节。段开销又分为再生段开销（RSOH）和复用段开销（MSOH）两部分。段开销在帧中位于 1~9×N 列，1~3 行和 5~9 行，共有 72×N 行个字节分配给段开销。段开销丰富是 SDH 的特点之一。

（3）管理单元指针区域。

管理单元指针是一指示符，用来指示信息净负荷的第一个字节在帧内的准确位置，以便接收端能正确分离出信息净负荷。管理单元指针位于帧中 1~9×N 列的第 4 行。

SDH 技术的基础是其帧结构 SDH 的各种业务信号需装入 STM-N 帧结构的信息净负荷区域内。在 SDH 帧结构中，安排了丰富的开销比特用于网络管理，同时具备一套灵活的复用与映射结构，允许将不同级别的 PDH 信号以及 ATM 等信号经处理后放入支持 SDH 通道层连接的不同信息结构（称虚容器 VC-n）中，因而具有广泛的适应性。在传输时，可按规定的位置结构将上述信号组装起来，利用传输介质（如光纤）送到目的地。

【巩固练习】

一、填空题

1. SDH 帧结构中安排有两大类开销:(　　　　　)和(　　　　　)。

2. 在 PCM30/32 路通信系统中,每帧内有(　　　　　)个时隙,其中话路有(　　　　　)路,信息传输速率为(　　　　　)。

3. 将消息内容不同的信号复合在一起共用一信道的技术,这是(　　　　　)技术,常用的技术有(　　　　)、(　　　　　)和(　　　　)。

4. 码速调整分为(　　　　)和(　　　　)两大类。

二、选择题

1. PCM30/32 路基群的传输速率为(　　　)。

A. 64 kb/s　　　　　B. 2048 kb/s　　　　　C. 1024 kb/s　　　　　D. 2048 b/s

2. PCM30/32 路系统中,下列哪个时隙用来传送帧同步码(　　　)。

A. TS_0　　　　　B. TS_1　　　　　C. TS_{15}　　　　　D. TS_{16}

3. 在 PCM30/32 路系统中,每一帧占用的时间是(　　　)。

A. 125 s　　　　　B. 125 ms　　　　　C. 125 μs　　　　　D. 125 ns

4. PDH 系统 E 体系的最高速率是(　　　)。

A. 139 Mb/s　　　　　B. 155 Mb/s　　　　　C. 565 Mb/s　　　　　D. 622 Mb/s

5. PCM30/32 系统是(　　　)。

A. 空分复用系统　　　　　　　　　　　B. 数字时分复用系统

C. 频分复用系统　　　　　　　　　　　D. 码分复用系统

6. 对于复用技术,下列哪句话是错误的(　　　)。

A. FDM 技术利用频率区分用户信号

B. FDM 只用于模拟通信系统

C. 时分复用包括同步时分复用和异步时分复用

D. TDM 可用于数字通信系统

三、简答题

1. 多路复用的主要目的是什么?最常用的多路复用技术有哪两类?

2. 时分多路复用与频分多路复用有什么不同?

3. 有一信道的频率传输范围为 60~108 kHz,假定信号的带宽为 3.2 kHz,各路信号之间的防护间隔为 0.8 kHz,若采用频分多路复用,问最多可以同时传输几路信号?

4. 画出数字复接系统的方框图,并简述其工作原理。

第4章　数字基带传输系统

问题 4-1　什么是基带传输？什么是频带传输？

基带传输：将数字基带信号直接送入信道传输就称之为基带传输。

频带传输：为了适应信道传输而将基带信号进行调制，即将基带信号的频谱搬移到某一高频处，变为频带信号进行传输，这种传输频带信号的方式称为频带传输。

问题 4-2　为什么学习基带传输系统？

某些有线信道在传输距离不太远的情况下，可以直接传送数字基带信号。研究基带传输系统具有以下三点意义：一是频带系统包含基带系统的基本问题；二是基带系统本身有一定的应用发展；三是频带系统可等效为基带系统，学习基带系统可为频带系统打好基础。

本章主要介绍数字基带传输中常用的传输码型以及怎样解决传输中的误码问题等。

4.1　常用码型

第 11 讲　数字基带传输系统　　　几种基本的数字基带信号

数字基带信号用数字信息的电脉冲表示，通常把数字信息的电脉冲的表示形式称为码型。适于在有线信道中传输的基带信号码型又称为线路传输码型。

问题 4-3　通信系统中常见的码型有哪些？

1. 单极性不归零码

平常所说的单极性码就是指单极性不归零码，其波形如图 1-4-1(a)所示，它用高电平代表二进制符号的"1"，0电平代表"0"，在一个码元时隙内电平维持不变。

单极性码的优点是码型简单。

单极性码的缺点为：

(1) 有直流成分，因此不适用于有线信道；

(2) 判决电平取值是接收到的高电平的一半，所以不容易稳定在最佳值；

(3) 不能直接提取同步信号；

(4) 传输时要求信道的一端接地。

二进制代码　0 1 0 0 0 0 1 1 0 0 0 0 0 0 1 0 1 0

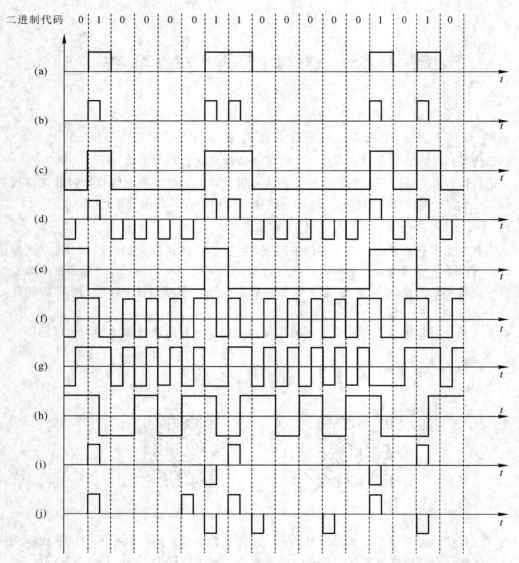

（a）单极性码；（b）单极性归零码；（c）双极性不归零码；（d）双极性归零码；（e）差分码；（f）数字双相码；（g）CMI码；（h）密勒码；（i）AMI码；（j）HDB3码

图 1-4-1　常用码型波形图

2. 单极性归零码

单极性归零码波形如图 1-4-1(b)所示，代表二进制符号"1"的高电平在整个码元时隙持续一段时间后要回到 0 电平，如果高电平持续时间 τ 为码元时隙 T 的一半，则称之为 50% 占空比的单极性码。

优点为单极性归零码中含有位同步信息，容易提取同步信息；缺点和单极性码相同。

3. 双极性不归零码

双极性不归零码（双极性码）波形如图 1-4-1(c)所示，它用正电平代表二进制符号的

"1"，负电平代表"0"，在整个码元时隙内电平维持不变。

优点为：

（1）当二进制符号序列中的"1"和"0"等概率出现时，序列中无直流分量；

（2）判决电平为 0，容易设置且稳定，抗噪声性能好；

（3）无接地问题。

缺点是序列中不含位同步信息。

4. 双极性归零码

双极性归零码波形如图 1-4-1(d) 所示，代表二进制符号"1"和"0"的正、负电平在整个码元时隙持续一段时间之后都要回到 0 电平，同单极性归零码一样，也可用占空比来表示。

它的优缺点与双极性不归零码相同，但应用时只要在接收端加一级整流电路就可将双极性码序列变换为单极性归零码，相当于包含了位同步信息。

5. 差分码

在差分码中，二进制符号的"1"和"0"分别对应着相邻码元电平符号的"变"与"不变"，其波形如图 1-4-1(e) 所示。

因为差分码码型其高、低电平不再与二进制符号的"1"和"0"直接对应，所以即使当接收端收到的码元极性与发送端完全相反时也能正确判决，且应用广泛。在数字调制中常被用来解决移相键控中"1""0"极性倒 π 问题。

6. 数字双相码

数字双相码又称分相码或称曼彻斯特码，波形如图 1-4-1(f) 所示。它属于 1B2B 码，即在原二进制一个码元时隙内有两种电平，例如"1"码可以用"+ -"脉冲，"0"码用"- +"脉冲表示。

数字双相码的优点为：在每个码元时隙的中心都有电平跳变，因而频谱中有定时分量，并且由于在一个码元时隙内的两种电平各占一半，所以不含直流成分。缺点是传输速率增加了一倍，频带也展宽了一倍。

问题 4-4　基带传输码型应该具备什么样的要求？

并不是所有码型都适合基带传输，线路码及码型设计应满足以下原则：

（1）编码方案与信源的统计特性无关。

（2）接收端能正确解码。

（3）码型中的直流分量和低、高频分量越小越好。

（4）便于提供位同步（位定时）信息。

（5）有在线误码检测功能。

（6）编解码设备简单可靠。

在保证（1）、（2）两项的前提下，其余各项可根据实际情况尽量多地予以满足。

4.2 三 元 码

问题 4-5　满足以上特性的基带传输码型有哪些？

1. CMI 码

第 12 讲　常用三元码

CMI 码是传号反转码的简称，也可归类于 1B2B 码。CMI 码将信息码流中的"1"码用交替出现的"＋ ＋""－ －"脉冲表示；"0"码用"－ ＋"脉冲表示，波形如图 1-4-1(g)所示。

CMI 码的优点除了与数字双相码一样外，还具有在线错误检测功能，如果传输正确，则接收码流中出现的最大脉冲宽度是一个半码元时隙。因此 CMI 码以其优良性能被原 CCITT 建议作为 PCM 四次群的接口码型，它还是光纤通信中常用的线路传输码型。

2. AMI 码

AMI 码

AMI 码是传号交替反转码，编码时将原二进制信息码流中的"1"用交替出现的正、负电平(＋B 码、－B 码)表示；"0"用 0 电平表示。所以在 AMI 码的输出码流中总共有三种电平出现，并不代表三进制，因此它又可归类为伪三元码，波形如图 1-4-1(i)所示。

AMI 码的优点为：

(1) 功率谱中无直流分量，低频分量较小；

(2) 解码容易；

(3) 利用传号时是否符合极性交替原则，可以检测误码。

AMI 码的缺点为：当信息流中出现长连 0 码时，AMI 码中无电平跳变，会丢失定时信息(通常 PCM 传输线中连 0 码不允许超过 15 个)。

3. HDB3 码

HDB3 码

HDB3 码保持了 AMI 码的优点，同时还增加了电平跳变，它的全称是三阶高密度双极性码，也是伪三元码，波形如图 1-4-1(j)所示。如果原二进制信息码流中连"0"的数目小于 4，那么编码后的 HDB3 码与 AMI 码完全一样。当信息码流中连"0"数目等于或大于 4 时，将每 4 个连"0"码编成一个组取代节。编码规则如下：

(1) 序列中的"1"码编为±B 码；0000 用 000V 取代，V 是破坏脉冲(它破坏 B 码之间正负极性交替原则)，V 码的极性应该与其前方最后一个 B 码的极性相同，而 V 码后面第一个出现的 B 码极性则与其相反。

(2) 序列中各 V 码之间的极性正负交替。

(3) 两个 V 码之间 B 脉冲的个数如果为偶数，则需要将取代节 000V 改成 B′00 V，B′与 B 码之间满足极性交替原则，即每个取代节中的 V 与 B′同极性。

HDB3 码较综合地满足了对传输码型的各项要求，所以被大量应用于复接设备中，在 ΔM、PCM 等终端机中也采用 HDB3 码型变换电路作为接口码型。

4.3　数字基带信号的传输与码间串扰

　　数字基带信号的常用码型的形状常常画成矩形(0 和 1 被画成标准的矩形波)，而矩形脉冲的频谱在整个频域是无穷延伸的。由于实际信道的频带是有限的，而且有噪声，用矩形脉冲作传输码型会使接收到的信号波形发生畸变，因此本节讨论差错率最小的传输系统的传输特性。

第 13 讲　数字基带信号
传输码型

　　问题 4 - 6　基带传输系统的模型是怎样的?

1. 数字基带传输系统模型

　　数字基带传输系统模型如图 1 - 4 - 2 所示。

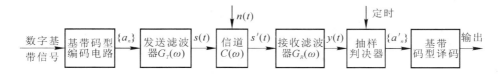

图 1 - 4 - 2　数字基带传输系统模型

　　图 1 - 4 - 2 中各部分作用如下:

　　(1) 基带码型编码电路的输出携带着基带传输的典型码型信息 δ 脉冲或窄脉冲序列 $\{a_n\}$，这里仅关注取值 0、1 或 ±1。

　　(2) 发送滤波器又叫信道信号形成网络，它限制发送信号频带，同时将 $\{a_n\}$ 转换为适合信道传输的基带波形。

　　(3) 信道可以是电缆等狭义信道，也可以是带调制器的广义信道，信道中的窄带高斯噪声 $n(t)$ 会给传输波形造成随机畸变。

　　(4) 接收滤波器的作用是滤除混在接收信号中的带外噪声和由信道引入的噪声，对失真波形进行尽可能的补偿(均衡)。

　　(5) 抽样判决器是一个识别电路，它对接收滤波器输出的信号波形 $y(t)$ 进行放大、限幅、整形后再加以识别，进一步提高信噪比。

　　(6) 基带码型译码将抽样判决器送出的信号还原成原始信号。

2. 基带传输中的码间串扰

　　数字通信的主要质量指标是传输速率和误码率，二者之间密切相关，互相影响。当信道一定时，传输速率越高，误码率越大。如果传输速率一定，那么误码率就成为数字信号传输中最主要的性能指标。从数字基带信号传输的物理过程看，误码是由接收机抽样判决器错误判决所致，而造成误判的主要原因是码间串扰和信道噪声。

　　问题 4 - 7　什么是码间串扰?

　　码间串扰：由于系统传输特性不良或加性噪声的影响，使信号波形发生畸变，造成收端判决上的困难，因而造成误码，这种现象称为码间串扰。

　　码间串扰的现象：脉冲会被展宽，甚至重叠(串扰)到邻近时隙中去成为干扰。

　　如图1-4-3(a)所示为单个码元"1"，经过发送滤波器后，变成正的升余弦波形，如图1-4-3(b)所示。此波形经信道传输便产生了延迟和失真，如图1-4-3(c)所示，由此看出码元"1"的拖尾延伸到了下一码元时隙内，并且抽样判决时刻也应向后推移至波形出现最高峰处(设为t_1)。

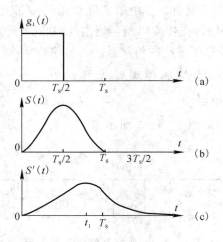

图1-4-3　单个码型传输失真

　　假如传输的一组码元是1110，采用双极性码，经发送滤波器后变为升余弦波形如图1-4-4(a)所示。经过信道后产生码间串扰，前3个码元"1"的拖尾相继侵入到第4个码元"0"的时隙中，如图1-4-4(b)所示，导致判决结果为1111，产生码间干扰。

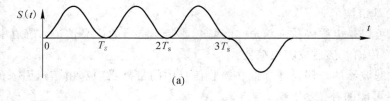

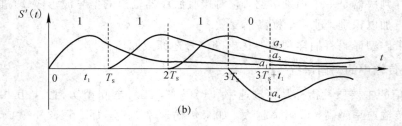

图1-4-4　码组1110码间串扰

3. 基带传输系统的抗噪声性能

问题4-8　影响基带传输系统数据可靠传输的因素有哪些？

(1) 码间干扰。理论上，当传输特性满足一定的条件时码间干扰可消除。

(2) 信道噪声。信道噪声也叫高斯白噪声，时时刻刻存在于系统中，而且是不可消除的，可使数字信号传输时引起误码，将"1"错判为"0"，或使"0"错判为"1"。

4. 眼图

一个实际的数字基带传输系统是不可能完全消除码间干扰的，尤其是在信道不可能完全确知的情况下要计算误码率非常困难。评价系统性能的实用方法是眼图分析，即利用示波器观察接收信号波形的质量。

问题 4-9　什么是眼图？如何观察到眼图？

1. 眼图的定义及观察方法

用示波器观察二进制脉冲时，将示波器的水平扫描周期调整为所接收脉冲序列码元间隔 T_s 的整数倍，从示波器的 Y 轴输入接收码元序列（如图 1-4-5(a)所示），由于荧光屏的余辉作用，在荧光屏上就可以看到由若干个码元重叠而产生的类似人眼的图形，故称为眼图。

眼图如图 1-4-5(c)所示，若存在码间干扰，序列波形变坏（如图 1-4-5(b)所示），就会造成眼图迹线杂乱，眼皮厚重，甚至部分闭合，如图 1-4-5(d)所示。

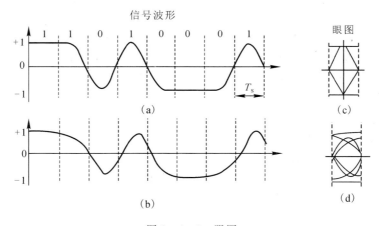

图 1-4-5　眼图

只要示波器扫描频率和信号同步，不存在码间干扰和噪声时，每次重叠上去的迹线都会和原来的重合，此时眼图迹线既细又清晰。

问题 4-10　分析眼图有什么意义？

2. 眼图的功能

眼图具有以下功能：

（1）能够观察码间串扰和噪声对系统的影响。

（2）可估价一个基带传输系统的优劣。

（3）可用眼图调整时域均衡器的特性。

在利用均衡器对接收信号波形进行均衡处理时，只需观察眼图就可以判断均衡效果，就可确定信号传输的基本质量。

【巩固练习】

一、选择题

1. HDB3 码中最长的连 0 码为（　　）个 0。

A. 3　　　　　　　　B. 4　　　　　　　　C. 5　　　　　　　　D. 6

2. 为了解决连 0 码而无法提取位同步信号的问题，人们设计了（　　）。

A. AMI 码　　　　　B. 多进制码　　　　　C. HDB3 码　　　　　D. 差分码

3. 在"0""1"等概率出现的情况下，包含直流成分的码是（　　）。

A. AMI 码　　　　B. 双极性归零码　　　　C. 单极性归零码　　　　D. HDB3 码

4. 具有检测误码能力的传输码型是（　　）。

A. AMI 码　　　　　B. HDB3 码　　　　　C. CMI 码　　　　　D. 以上都是

5. 即使在"0""1"不等概率出现的情况下，以下哪种码仍然不包含直流成分（　　）。

A. AMI 码　　　　B. 双极性归零码　　　　C. 单极性归零码　　　　D. 差分码

6. 设某传输码序列为＋1－100－1＋100＋1－1000－1＋100－1，在接收端恢复出的数字序列为（　　）。

A. 11 0011 0011 0001 1001　　　　　　　B. 20 1102 1120 1110 2110

C. 11 0001 0001 0000 1001　　　　　　　D. 10 0000 0001 0000 1001

7. 观察眼图应使用的仪表是（　　）。

A. 频率计　　　　　B. 万用表　　　　　C. 示波器　　　　　D. 扫频仪

二、分析题

1. 设有一数字码序列为 100 1000 0010 1100 0000 0001，试编为 AMI 码和 HDB3 码，并画分别出编码后的波形（第一个非零码编为－1）。

2. 设二进制脉冲序列为 0100 0111，试以矩形脉冲为例，在图 1 - 4 - 6 中分别画出相应的单极性归零码、不归零码，双极性归零码、不归零码。

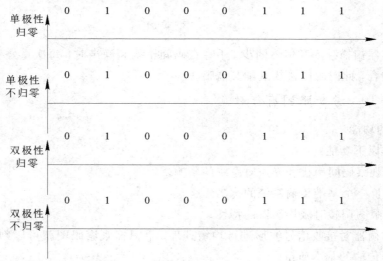

图 1 - 4 - 6

第 5 章 数字调制与解调

在数字通信系统中，为了让数字基带信号能在某一载波频段上传输，需要对数字基带信号的频谱进行搬移，而数字调制技术就能实现该功能。数字调制的本质是利用数字基带信号控制载波的某个参数，其原理如图 1-5-1 所示。

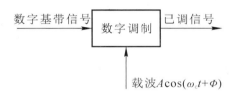

图 1-5-1 数字调制原理图

数字基带信号经过调制后变换成了数字带通信号（已调信号），把传输数字带通信号的系统称为数字带通传输系统。数字带通传输系统一般包含调制和解调两个过程，调制是将基带信号变换成带通信号，解调是将带通信号又还原成基带信号。

在数字调制中，根据数字基带信号控制载波参数的不同，可分为幅移键控（ASK）、频移键控（FSK）和相移键控（PSK）3 类；根据数字基带信号类型的不同，可分为二进制调制和多进制调制。本章以二进制数字调制为例进行讲解。

5.1 二进制幅移键控（2ASK）

问题 5-1 什么是 2ASK 调制？2ASK 信号是如何产生的？

2ASK 是利用载波的幅度变化来传递数字信息，而其参量频率和初相位保持不变。在 2ASK 调制中，信号只有有幅度和无幅度两种状态，分别对应二进制信息"0"或"1"，这可通过开关的开和闭来实现，因此 2ASK 又称之为通断键控（OOK），其原理如图 1-5-2 所示。

第 14 讲 ASK 调制与解调

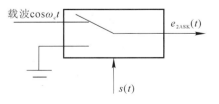

图 1-5-2 2ASK 调制原理图

在图 1-5-2 中，输入的基带信号 $s(t)$ 为二进制单极性不归零码，其表达式为

$$s(t) = \begin{cases} A, & \text{“1”} \\ 0, & \text{“0”} \end{cases} \tag{5-1}$$

根据 2ASK 的原理图，可写出其输出信号表达式为

$$e_{2\mathrm{ASK}}(t) = \begin{cases} A\cos\omega_c t, & \text{“1”} \\ 0, & \text{“0”} \end{cases} \tag{5-2}$$

2ASK 的波形如图 1-5-3 所示。

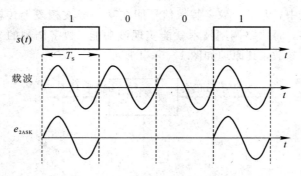

图 1-5-3　2ASK 波形图

2ASK 信号除了可以采用键控法产生外，还可以采用模拟调制法来实现，其模拟调制法的原理如图 1-5-4 所示。

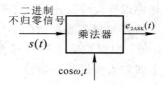

图 1-5-4　2ASK 模拟调制法原理图

问题 5-2　解调 2ASK 信号有哪些方法？

对 2ASK 调制信号来说，要恢复原信号有非相干解调（包络解调）和相干解调两种方法，其解调原理框图分别如图 1-5-5 和图 1-5-6 所示。

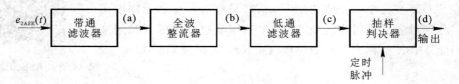

图 1-5-5　2ASK 非相干解调原理框图

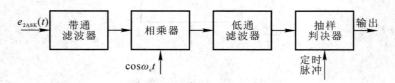

图 1-5-6　2ASK 相干解调原理框图

图 1-5-7 给出了 2ASK 非相干解调各阶段对应的时间波形。

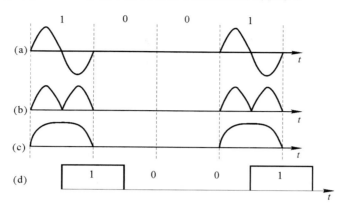

图 1-5-7 2ASK 非相干解调各阶段对应的时间波形

问题 5-3 2ASK 信号带宽与基带信号带宽有什么关系?

由图 1-5-4 可知,2ASK 信号的表达式可写成

$$e_{2ASK}(t) = s(t)\cos\omega_c t = \begin{cases} A\cos\omega_c t, & \text{``1''} \\ 0, & \text{``0''} \end{cases} \qquad (5-3)$$

式中 $s(t)$ 为二进制单极性随机矩形脉冲序列,其表达式为

$$s(t) = \begin{cases} A, & \text{``1''} \\ 0, & \text{``0''} \end{cases} \qquad (5-4)$$

由于 2ASK 信号是由矩形脉冲序列和载波信号相乘得到,因此 2ASK 信号的频谱为这两信号在频域上的卷积。在码元"0""1"等概率出现的情况下,二进制单极性不归零码 $s(t)$ 的频谱为

$$P_s(f) = \frac{1}{4}\delta(f) + \frac{T_B}{4}Sa^2(\pi f T_B) \qquad (5-5)$$

如图 1-5-8 所示展示了基带信号 $s(t)$ 的频谱图 $P_s(f)$。

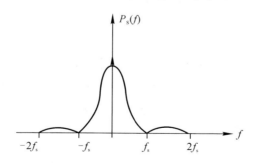

图 1-5-8 基带信号 $s(t)$ 的频谱图

载波 $\cos\omega_c t$ 的频谱为

$$P_{\cos\omega_c t}(f) = \frac{\pi}{2}[\delta(f+f_c) + \delta(f-f_c)]$$

所以 2ASK 信号的频谱为

$$P_{2\text{ASK}}(f) = \frac{1}{2\pi} [P_s(f) * P_{\cos w_c t}(f)]$$

$$= \frac{1}{2\pi} \left\{ P_s(f) * \frac{\pi}{2} [\delta(f+f_c) + \delta(f-f_c)] \right\}$$

$$= \frac{1}{4} [P_s(f+f_c) + P_s(f-f_c)]$$

$$= \frac{1}{16} [\delta(f+f_c) + \delta(f-f_c)]$$

$$+ \frac{T_B}{16} \{ \text{Sa}^2[\pi T_B(f+f_c)] + \text{Sa}^2[\pi T_B(f-f_c)] \} \qquad (5-6)$$

根据 2ASK 信号的频谱表达式，可画出其频谱图如图 1-5-9 所示。

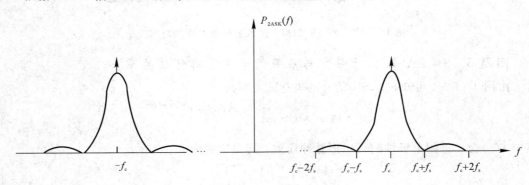

图 1-5-9　2ASK 信号的频谱图

从以上分析可以看出，2ASK 信号的频谱由离散谱和连续谱两部分组成。离散谱取决于载频信号，连续谱取决于基带信号经调制后的双边带谱。与原基带信号 $s(t)$ 相比，2ASK 信号的带宽是基带信号带宽的 2 倍，即 $B_{2\text{ASK}} = 2f_s$，其中 $f_s = 1/T_s$。

5.2　二进制频移键控(2FSK)

问题 5-4　什么是 2FSK 调制？

2FSK 是利用载波的频率变化来传递数字信息，而其参量幅度和初相位保持不变。也就是说，2FSK 的载波频率随二进制基带信号在两个不同频率间发生变化，若数字"1"用频率 f_1 的载波，数字"0"用频率 f_2 的载波，则 2FSK 的表达式可写成

第 15 讲　2FSK 调制
与解调

$$e_{2\text{FSK}}(t) = \begin{cases} A\cos(\omega_1 t + \phi_n), & \text{"1"} \\ A\cos(\omega_2 t + \theta_n), & \text{"0"} \end{cases} \qquad (5-7)$$

其典型波形如图 1-5-10 所示，由图可知 2FSK 波形可看成是图 1-5-10(b)、1-5-10(c)两者叠加的结果，也就是说 2FSK 信号可看成是两个不同载波 2ASK 信号的叠加。因此 2FSK 的表达式又可写成

$$e_{2\text{FSK}}(t) = s_1(t)\cos\omega_1 t + s_2(t)\cos\omega_2 t \qquad (5-8)$$

其中，$s_1(t) = \sum_n a_n g(t - nT_s)$，$s_2(t) = \sum_n \overline{a_n} g(t - nT_s)$，$\overline{a_n}$ 是 a_n 的反码。

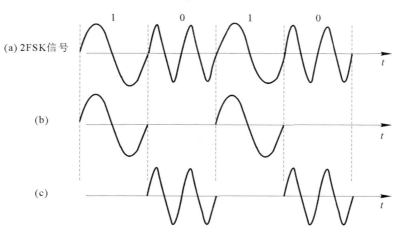

图 1-5-10　2FSK 典型波形

问题 5-5　2FSK 信号是如何产生的？

2FSK 信号有两种产生方法：一种是直接调频法，该方法产生的 2FSK 信号在相邻码元间的相位是连续变化的，这种方法产生的 2FSK 信号频移不能太大，否则易造成震荡不稳；另一种是键控法，该方法产生的 2FSK 信号在相邻码元间的相位不一定连续，它利用二进制基带矩形脉冲序列控制开关电路对两个不同的独立频率进行选通，使其在每一个码元期间输出两载波中的任意一个，其原理如图 1-5-11 所示。

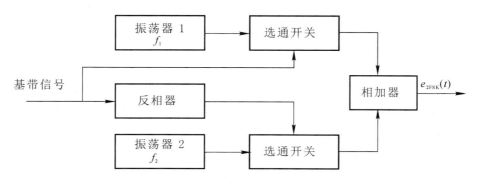

图 1-5-11　键控法产生 2FSK 信号原理图

问题 5-6　如何恢复 2FSK 的调制信号？

对 2FSK 调制信号来说，要恢复原信号常用的两种解调方法分别是非相干解调（包络解调）和相干解调。在利用非相干解调时，需将 2FSK 调制信号需利用带通滤波器分解成两路 2ASK 信号进行解调，然后利用判决器进行判决，其解调原理框图如图 1-5-12 所示。若载波频率 f_1 对应数字"1"，载波频率 f_2 对应数字"0"，当上支路的样值大于下支路的样值时，则判决为"1"，反之判决为"0"。

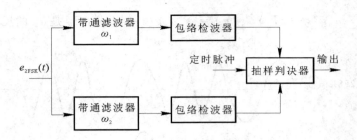

图 1-5-12 2FSK 信号非相干解调原理框图

2FSK 信号利用相干解调恢复原信号的原理框图如图 1-5-13 所示。从图中可以看出，在利用相干解调恢复原信号时，首先也要通过带通滤波器将信号分解成两路 2ASK 信号，之后用对应的载波进行相干解调，各支路进行相干解调后利用抽样判决器进行判决，其判决准则跟 2FSK 信号非相干解调中的判决器一样。

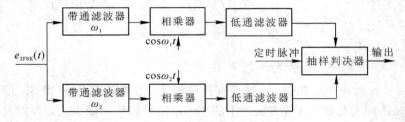

图 1-5-13 2FSK 信号相干解调原理框图

问题 5-7 2FSK 信号的带宽是多少？它与基带信号、调制频率是否有关？

相位不连续的 2FSK 信号可以看成是由两个不同载频的 2ASK 信号的叠加，其表达式为

$$e_{2FSK}(t) = s_1(t)\cos\omega_1 t + s_2(t)\cos\omega_2 t \qquad (5-9)$$

其中，$s_1(t)$、$s_2(t)$ 是两路对应码元相反的基带信号。

由表达式(5-9)可知，2FSK 信号的频谱可近似看成是由两路中心频率为 f_1 和 f_2 的两个 2ASK 频谱的组合。当"0"和"1"出现的概率相同时，根据 2ASK 频谱表达式可知 2FSK 频谱表达式为

$$
\begin{aligned}
P_{2FSK}(f) &= \frac{1}{4}\left[P_{s_1}(f+f_1) + P_{s_1}(f-f_1) + P_{s_2}(f+f_2) + P_{s_2}(f-f_2)\right] \\
&= \frac{1}{16}\left[\delta(f+f_1) + \delta(f-f_1) + \delta(f+f_2) + \delta(f-f_2)\right] \\
&\quad + \frac{T_B}{16}\{\text{Sa}^2\left[\pi T_B(f+f_1)\right] + \text{Sa}^2\left[\pi T_B(f-f_1)\right] \\
&\quad + \text{Sa}^2\left[\pi T_B(f+f_2)\right] + \text{Sa}^2\left[\pi T_B(f-f_2)\right]\}
\end{aligned}
\qquad (5-10)
$$

根据 2FSK 信号的频谱表达式，可画出其频谱图如图 1-5-14 所示。

从以上分析可知，相位不连续的 2FSK 信号的功率谱由连续谱和离散谱组成，其中，连续谱由两个中心位于 f_1 和 f_2 处的双边谱叠加而成，离散谱则位于两个载频 f_1 和 f_2 处。若取 2FSK 频谱图第一个零点内的成分计算带宽，则 2FSK 信号的带宽为

$$B_{2FSK} = |f_2 - f_1| + 2f_s \qquad (5-11)$$

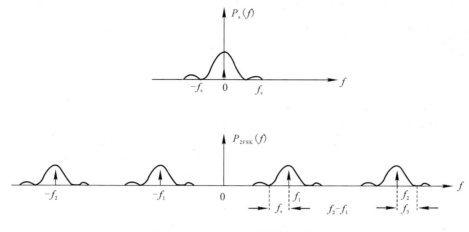

图 1-5-14 2FSK 信号的频谱图

5.3 二进制相移键控(2PSK)

问题 5-8 什么是 2PSK 调制?

2PSK 是利用载波相位的变化来传递数字信息,其幅度和频率保持不变。也就是说,2PSK 的相位随二进制基带信号在两个不同相位间发生变化,通常二进制数字"1"用初相位 0 的载波,数字"0"用初相位 π 的载波,因此 2PSK 的表达式可写成

第 16 讲 2PSK 调制
与解调

$$e_{2PSK}(t) = \begin{cases} A\cos(\omega_c t + 0), & \text{"1"} \\ A\cos(\omega_c t + \pi), & \text{"0"} \end{cases} \quad (5-12)$$

由式(5-12)化简可知,在传输数字"1"时,用波形 $A\cos\omega_c t$,传输数字"0"时,用波形 $-A\cos\omega_c t$ ($A\cos(\omega_c t + \pi) = -A\cos\omega_c t$),因此传输数字"0"和"1"所用波形是一致的,只是极性相反,因此 2PSK 信号的波形可以看成是双极性不归零脉冲信号序列 $s(t)$ 与 $\cos\omega_c t$ 相乘,即

$$e_{2PSK}(t) = s(t)\cos\omega_c t \quad (5-13)$$

式中,$s(t) = \sum_n a_n g(t - nT_s)$,$a_n$ 可取 1 或 -1,当 a_n 取 1 时,表示发送二进制信号"1",当 a_n 取 -1 时,表示发送二进制信号"0"。这种以载波的不同相位直接去表示相应二进制数字信号的调制方式又称为二进制绝对相移(2PSK),其典型波形如图 1-5-15 所示。

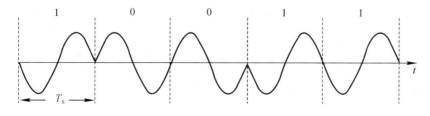

图 1-5-15 2PSK 信号典型波形

问题 5 – 9　2PSK 信号如何产生？

2PSK 信号的产生方法跟 2ASK 一样，也包括模拟调制法和键控法两种，只是对 2PSK 而言，$s(t)$ 不能是单极性不归零码，需将其转换成双极性不归零码，其调制原理如图 1 – 5 – 16 所示。

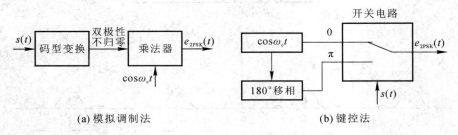

(a) 模拟调制法　　　　　　　　　　　(b) 键控法

图 1 – 5 – 16　2PSK 信号调制原理图

问题 5 – 10　如何还原 2PSK 调制信号？

对 2PSK 调制信号来说，要恢复原信号通常采用相干解调法，其解调原理如图 1 – 5 – 17 所示，各阶段对应的时间波形如图 1 – 5 – 18 所示。

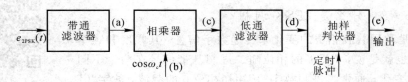

图 1 – 5 – 17　2PSK 的相干解调原理图

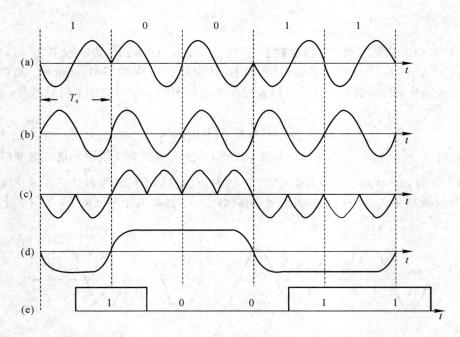

图 1 – 5 – 18　2PSK 相干解调各阶段对应的时间波形

在 2PSK 的相干解调过程中，要想正确恢复出原信号，解调用的载波必须与调制所用载波同频同相。但在实际应用中，解调载波有可能与调制载波同相，也有可能反相，当出现反相时，原本为"1"的基带信号在接收端会被错判成"0"，原本为"0"的基带信号在接收端会被错判成"1"，导致所传信号全部出错，把这种现象称为"倒 π"现象。

问题 5－11　如何解决"倒 π"现象？

由于 2PSK 是利用载波的绝对相位来传送数字信息，因此在解调时，当载波相位出现反相时，会出现"倒 π"现象。为了解决这个问题，可在传递数字信息时不用绝对相位，而是用相对相位变化来传递数字信号，这种相位调制称为差分相移键控（2DPSK）。

在 2DPSK 调制中，令 $\Delta\varphi$ 为当前码元与前一码元的载波相位差，若传送码元为"1"，则当前码元与前一码元相位差 $\Delta\varphi = \pi$；若传送码元为"0"，则当前码元与前一码元相位差 $\Delta\varphi = 0$。如图 1－5－19 所示画出了"10011"的 2DPSK 波形，若把图 1－5－19 看成是 2PSK 波形，则对应的数字信号为"11101"，把这串数字信号称为相对码 b_k，而把原数字信号序列称为绝对码 a_k，绝对码与相对码满足以下关系：

$$b_k = a_k \oplus b_{k-1} \tag{5-14}$$

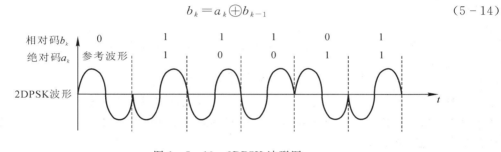

图 1－5－19　2DPSK 波形图

由此可知，要想产生 2DPSK 信号，只需先将绝对码转换成相对码，然后再进行 2PSK 调制即可，其调制原理如图 1－5－20。

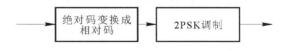

图 1－5－20　2DPSK 调制原理图

根据 2DPSK 的调制原理可知，要想恢复原信号，也可以采用与 2PSK 相同的解调方式——相干解调，只是在相干解调过后，要将解调出的相对码还原成绝对码，其解调原理框图及对应波形分别如图 1－5－21 和图 1－5－22 所示。

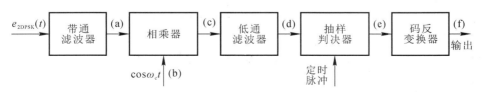

图 1－5－21　2DPSK 相干解调原理框图

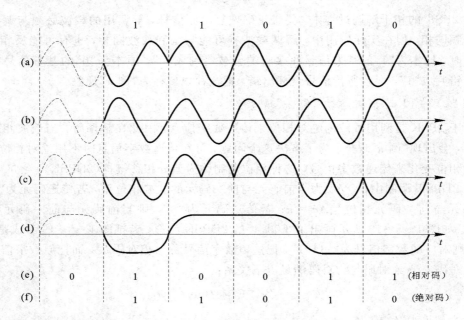

图 1 - 5 - 22　2DPSK 相干解调各阶段对应的波形图

问题 5 - 12　2PSK 信号的带宽是多少?

比较 2PSK 信号与 2ASK 信号的表达式,可发现两者的表达形式一致,仅仅只是 a_n 的极性不同,2ASK 信号的极性为单极性,2PSK 信号的极性为双极性,因此,2PSK 的频谱表达式可借鉴 2ASK,为

$$P_{2PSK}(f) = \frac{1}{4}[P_s(f+f_c) + P_s(f-f_c)] \tag{5-15}$$

只是这里的 $P_s(f)$ 是双极性矩形脉冲序列的功率谱,当二进制数字"0"和"1"出现的概率相同时,$P_s(f)$ 的表达为 $P_s(f) = T_B Sa^2(\pi f T_B)$,其频谱如图 1 - 5 - 23 所示。

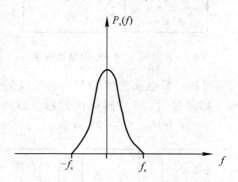

图 1 - 5 - 23　双极性矩形脉冲序列的频谱图

所以 $P_{2PSK}(f)$ 的表达式可化为

$$P_{2PSK}(f) = \frac{T_B}{4}\{Sa^2[\pi T_B(f+f_c)] + Sa^2[\pi T_B(f-f_c)]\} \tag{5-16}$$

根据 2PSK 信号频谱表达式,可画出其频谱图如图 1 - 5 - 24 所示。

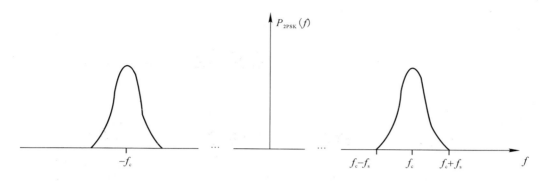

图 1-5-24 2PSK 信号的频谱图

从图 1-5-24 中可以看出，在 2PSK 信号的频谱中，没有离散谱，只有连续谱。对比图 1-5-23 和图 1-5-24，可以看出 2PSK 信号的带宽是基带信号带宽的 2 倍，即

$$B_{2PSK} = 2f_s \qquad (5-17)$$

【巩固练习】

一、填空题

1. 对于 2ASK 信号，可经过（　　　　　　）或相干解调法恢复原信号。

2. 2PSK 信号的带宽是基带信号带宽的（　　　）倍。

3. 2ASK 信号可通过（　　　　　）和（　　　　　）两种方法产生。

4. 一个 2FSK 信号可看成是由两个（　　　　　）叠加而成。

5. 2DPSK 调制能解决 2PSK 调制的（　　　　　　　）问题。

二、分析题

1. 设某 2FSK 调制系统的码元速率为 500 B，已调信号的载波频率为 1000 Hz 或 2000 Hz。

（1）若发送数字信号 001 0110，试画出 2FSK 信号的波形。

（2）试讨论这时的 2FSK 信号应选择怎样的解调器解调？

2. 设数字信息为 0 1000 1110，试分别画出 2ASK、2FSK、2PSK 和 2DSPK 信号的波形（注：一个码元占载波的一个周期）。

3. 试简述 2ASK 信号、2FSK 信号、2PSK 信号、2DPSK 信号与基带信号带宽的关系。

第 6 章　差错控制编码

6.1　差错控制编码简介

问题 6-1　什么是差错控制编码？为什么引入差错控制编码？

第 17 讲　差错控制编码简介

　　数据通信要求信息传输具有高度的可靠性，即要求误码率足够低，然而数据信号在传输过程中不可避免地会发生差错，即出现误码。造成误码的原因很多，但主要原因可以归纳为两方面：一是信道不理想造成的符号间干扰；二是噪声对信号的干扰。对于信道不理想造成的符号间干扰，通常通过均衡方法进行改善以致消除，因此，常把信道中的噪声作为造成传输差错的主要原因。差错控制是对传输差错采取的技术措施，目的是提高信号传输的可靠性。

　　差错控制的基本思想是通过对信息序列做某种变化，使原来彼此独立、没有关联的信息码元序列经过某种变化后产生某种规律性（相关性），然后在接收端根据这种规律来检查，进而纠正传输序列中的差错。变换的方法不同就构成了不同的编码和差错控制方式。

　　差错控制的核心是抗干扰码及差错控制编码，简称为纠错编码，也叫信道编码。

差错控制

问题 6-2　差错控制有哪些工作方式呢？

　　常用的差错控制方法有检错重发（Automatic Repeat Request，ARQ）、前向纠错（Forward Error Correction，FEC）和混合纠错（Hybrid Error Correction，HEC）3 种，其原理如图 1-6-1 所示。

　　(1) 前向纠错（FEC）。发送端除了发送信息码外，还发送加入的差错控制码。接收端接收到这些码元后，利用加入的差错控制码不但能够发现错码，而且还能自动纠正这些错码，如图 1-6-1(a)所示。前向纠错方式只要求单向信道，因此特别适合于只能提供单向信道的场合，同时也适合一点发送多点接收的广播方式。因为不需要对发送端反馈信息，所以接收到的信号延时小、实时性好。这种纠错系统的缺点是设备复杂、成本高，且纠错能力愈强，编译码设备就愈复杂。

　　(2) 检错重发（ARQ）。发送端将信息码编成能够检错的码组发送到信道，接收端接收到一个码组后进行检验，并将检验结果通过反向信道反馈给发送端。然后发送端根据收到的应答信号重新发送有错误的码元，直到接收端能够正确接收为止，如图 1-6-1(b)所示。其优点是译码设备不会太复杂，对突发错误特别有效，但需要双向信道。

　　(3) 混合纠错（HFC）。混合纠错方式是前向纠错方式和检错重发方式的结合，原理如图 1-6-1(c)所示。其内层采用 FEC 方式，纠正部分差错；外层采用 ARQ 方式，重传那些虽已检出但未纠正的差错。混合纠错方式在实时性和译码设备复杂性方面是前向纠错和检错重发方式的折中，较适合于环路延迟大的高速数据传输系统。

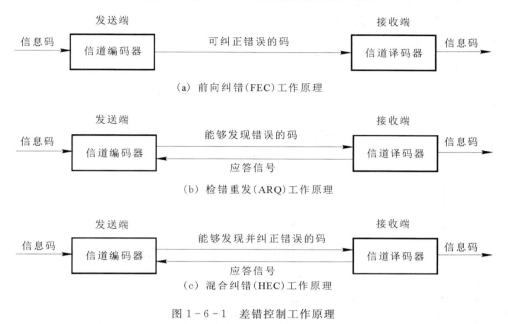

图 1-6-1　差错控制工作原理

问题 6-3　怎样编码实现通信过程中的误码检错和纠错？

根据不同的编码方式和衡量标准，差错控制编码有多种形式和类别。下面我们简单介绍几种主要分类方式。

（1）根据编码功能可分为检错码、纠错码和纠删码三种类型。只能完成检错功能的码叫检错码；具有纠错能力的码叫纠错码；既可检错也可纠错的码叫纠删码。

（2）按照信息码元和附加的监督码元之间的检验关系可以分为线性码和非线性码。若信息码元与监督码元之间的关系为线性关系，即监督码元是信息码元的线性组合，则称为线性码；反之，若两者不存在线性关系，则称为非线性码。

（3）按照信息码元和监督码元之间的约束方式可分为分组码和卷积码。在分组码中，编码前先把信息序列分为 k 位一组，然后用一定规则附加 m 位监督码元，形成 $n=k+m$ 位的码组；监督码元仅与本码组的信息码元有关，而与其他码组的信息码元无关。但在卷积码中，码组中的监督码元不但与本组信息码元有关，而且与前面码组的信息码元也有约束关系，就像链条那样一环扣一环，所以卷积码又称连环码或链码。

（4）系统码与非系统码。在线性分组码中所有码组的 k 位信息码元在编码前后保持原来形式的码叫系统码，反之就是非系统码。系统码与非系统码在性能上大致相同，但系统码的编、译码设备都相对比较简单，因此得到广泛应用。

从上述分类方式可以看出，一种编码可以具有多样性。本章主要介绍可纠正随机错误的二进制线性分组码。

问题 6-4　差错控制编码的原理是什么？

信道编码就是在信息码序列中加入冗余码（即监督码元），接收端利用监督码与信息码之间的某种特殊关系加以校验，以实现检错和纠错功能。

1. 基本原理

假设要发送一组具有两种状态的数据信息（比如 A 和 B）。我们首先要用二进制码对数据信息进行编码，编码表如表 1-6-1 所示。从表 1-6-1 可看出，用 1 位二进制码就可完成。

表 1-6-1　编　码　表

重复码	A		B		检错个数	纠错个数
	信息位	监督位	信息位	监督位		
(1，1)	0	—	1	—	0	0
(2，1)	0	0	1	1	1	1
(3，1)	0	00	1	11	2	1
(4，1)	0	000	1	111	3	1

假设不经信道编码，在信道中直接传输按表 1-6-1 中编码规则得到的 0、1 数字序列，则在理想情况下，接收端收到"0"就认为是 A，收到"1"就认为是 B，如此就可完全了解发送端传过来的信息。而在实际通信中由于干扰（噪声）的影响，会使信息码元发生错误，从而出现误码（比如码元"0"变成"1"，或"1"变成"0"）。从表 1-6-1 可见，任何一组码只要发生错误，都会使该码组变成另外一组信息码，从而引起信息传输错误。因此，这种编码不具备检错和纠错的能力。

当增加 1 位冗余码，即采用重复码（2，1），其中，码长为两位，信息位为 1 位。如用"00"表示 A，用"11"表示 B。当传输过程中发生 1 位错误时，码字就会变为"10"或"01"。当接收端接收到"10"或"01"时，只能检测到错误，而不能自动纠正错误，这是因为存在着不准使用的码字"10"和"01"的缘故，即存在禁用码组。相对于禁用码组而言，把允许使用的码组称为许用码组。这表明在信息码元后面附加 1 位监督码元后，当只发生 1 位错码时，码字具有检错能力。但由于不能判决是哪一位发生了错码，所以没有纠错能力。

当增加两位冗余码，即采用重复码（3，1），如用"000"表示 A，用"111"表示 B，此时的禁用码组为"100""010""001""011""101"和"110"。当传输过程中发生 1 位错误时，码字就会变为"100""010""001""011""101"或"110"。例如，当接收端收到"100"时，接收端就会按照"大数法则"自动恢复为"000"，认为信息发生了 1 位错码。此时接收端不仅能检测到 1 位错误，而且还能自动纠正该错误。但是当出现两位错误时，例如，"000"会错成"100""010"或"001"，当接收端收到这三种码时，就会认为信息有错，但不知是哪位错了，此时只能检测到两位错。如果在传输过程中发生了 3 位错，接收端收到的是许用码组，此时不再具有检错能力。因此，这时的信道编码具有检出两位错和两位以下错码的能力，或者具有纠正 1 位错码的能力。

当增加 3 位冗余码，即采用重复码（4，1），如用"0000"表示 A，用"1111"表示 B。此时接收端能纠正 1 位错误，用于检错时能检测 3 位错误。

由此可见，在信息码序列中增加冗余码的个数就能增加检错和纠错能力。

2．码重和码距的概念

1）码重

在信道编码中，定义码组中非零码元的数目称为码组的重量，简称码重。例如"010"码组的码重为1，"011"码组的码重为2。

2）码距与汉明距离

把两个码组中对应码位上具有不同码元的数目称为两码组的距离，简称码距。例如"00"与"01"的码距为1；"110"与"101"的码距为2。

在一种编码中，任意两个许用码组间的距离的最小值，称为这一编码的汉明距离，用d_{min}表示。如"000""011""101""110"的最小码距为2，因此该编码的汉明距离为2。

差错控制——码距

3）汉明距离与检错和纠错能力的关系

为了说明汉明距离与检测和纠错能力的关系，把3位码元构成的8个码组用一个三维立体来表示，如图1-6-2所示。图中立方体的各顶点分别为8个码组，每个码组的3位码元的值就是此立方体各顶点的坐标，从图中可以看出，码距对应各个顶点之间沿立方体各边行走的几何距离（最少边数）。

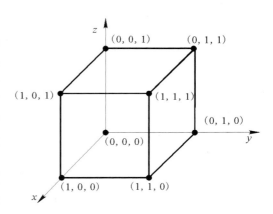

图1-6-2 码距的几何表示

下面将具体通过一种编码来说明最小码距汉明距离与这种编码的检错和纠错能力的数量关系。在一般情况下对于分组码有以下结论：

（1）检测错误时，如果要检测e个错误，则$d_{min} \geqslant e+1$；

（2）纠正错误时，如果要纠正t个错误，则$d_{min} \geqslant 2t+1$；

（3）纠t个错误，同时检e个错误时$(e>t)$，则$d_{min} \geqslant t+e+1$。

如图1-6-3所示为汉明距离d_{min}与检错e和纠错t能力的关系。

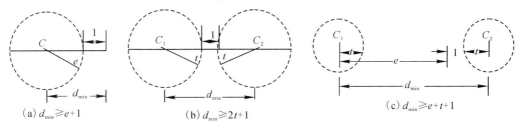

(a) $d_{min} \geqslant e+1$　　(b) $d_{min} \geqslant 2t+1$　　(c) $d_{min} \geqslant e+t+1$

图1-6-3 汉明距离d_{min}与检错e和纠错t能力的关系

问题6-5 通信系统中有哪些常用的差错控制编码？

1．奇偶校验码

奇偶校验码是一种最简单的检错码，又称奇偶监督码，在数据通信中得到了广泛的应用。奇偶校验码分为奇校验码和偶校验码，两者的构成原理是一样的。其编码规则是先将所要传输的数据码元(信息码)分组,然后在分组信息码元后面附加 1 位监督位,使得该码组中信息码和监督码合在一起后"1"的个数为偶数(偶监督)或奇数(奇监督)。表 1-6-2 是按照偶监督规则插入监督位的信息码。

表 1-6-2 偶 校 验 码

消息	信息位	监督位	消息	信息位	监督位
晴	0 0	0	阴	1 0	1
云	0 1	1	雨	1 1	0

采用奇偶校验码进行差错控制时,在接收端检查码组中"1"的个数,如发现不符合编码规则就说明产生了差错,但是不能确定差错的具体位置,即不能纠错。而且这种奇偶校验码只能发现奇数个错误,而不能检测出偶数个错误,但是可以证明出错位数为 $2t-1$(奇数)的概率总比出错位数为 $2t$(偶数)的概率大得多(t 为正整数),即错一位码的概率比错两位码的概率大的多,错三位码的概率比错四位码的概率大得多。因此,绝大多数随机错误都能用简单奇偶校验检查出,这正是其被广泛用于随机错误为主的计算机通信系统的原因,但这种方法难以对付突发差错,所以在突发错误很多的信道中不能单独使用。另外,奇偶校验的最小码距为 2,所以没有纠错能力。

2. 水平奇偶校验码

为了提高上述奇偶校验码的检错能力,特别是弥补不能检测突发错误的缺陷,可使用水平奇偶校验码。其构成思路是:将信息码序列按行排列成方阵,每行后面加一位奇或偶校验码,即每行为一个奇偶校验码组(如表 1-6-3 所示,以偶校验为例),但发送时按方阵中列的顺序进行传输,到了接收端仍将码元排列成与发送端一样的方阵形式,然后按行进行奇偶校验。由于这种差错控制编码是按行进行奇偶校验,因此称为水平奇偶校验码。

由于在发送端是按列发送码元,而不是按码组发送码元,因此把本来可能集中发生在某一码组的突发错误分散在了方阵的各个码组中,于是可得到整个方阵的行监督。采用水平奇偶校验码可以发现某一行上奇数个错误,以及所有长度不大于方阵中行数的突发错误,但仍没有纠错能力。

表 1-6-3 水平奇偶校验码(偶校验)

信息码元										监督码元
1	1	1	0	0	0	1	0	0	0	1
1	1	0	1	0	0	1	1	0	1	0
1	0	0	0	0	1	1	1	0	1	1
0	0	0	0	1	0	0	0	1	0	0
1	1	0	0	0	1	1	0	1	1	1

3. 二维奇偶校验码

二维奇偶校验码是对水平奇偶校验码进行改进而得,又称为水平垂直奇偶校验码。它的编码方法为:在水平奇偶校验基础上对方阵中每一列码元再进行奇偶校验,发送时按行或列的顺序传输,到了接收端将码元重新排列成发送时的方阵形式,然后每行、每列都进行奇偶校验，如表 1-6-4 所示。

表 1-6-4　二维奇偶校验码

	信息码元									监督码元
	1	1	1	0	1	1	0	0	0	1
	1	1	0	1	0	0	1	1	0	1	0
	1	0	0	0	0	1	1	1	0	1	1
	0	0	0	1	0	0	0	0	1	0
	1	1	0	1	1	1	1	0	1	1	1
监督码元	0	1	1	0	1	1	0	0	0	1	1

二维奇偶校验码具有以下特点：

（1）二维奇偶校验码比水平奇偶校验码有更强的检错能力。它能发现某行或某列上奇数个错误和长度不大于方阵中行数（或列数）的突发错误。

（2）二维奇偶校验码能检测出一部分偶数个错误，但若偶数个错误恰好分布在矩阵的 4 个顶点上时，这样的偶数个错误是检测不出来的。

（3）二维奇偶校验码还可以纠正一些错误，例如，某行某列均不满足监督关系，但判定出该行该列交叉位置的码元有错，从而可纠正这一位上的错误。

二维奇偶校验码检错能力强，又具有一定的纠错能力，且容易实现，因而得到了广泛的应用。

6.2　汉　明　码

第 18 讲　线性分组码

前面介绍的奇偶校验码是一种线性分组码，本节所讲的汉明码和下节的循环码也属于线性分组码，因此本节将对线性分组码的编译码进行介绍。

问题 6-6　什么是汉明码？什么是线性分组码？

线性码是指监督码元和信息码元之间满足一组线性方程的码；分组码是指监督码元对本组码中的码元起监督作用的码，或者说监督码元仅与本码组的信息码元相关的码。既是线性码又是分组码的编码，叫做线性分组码。线性分组码是信道编码中最基本的一类，下面研究线性分组码的一般问题。

汉明码

1. 线性分组码的基本概念

线性分组码是将信息序列分为每 k 位一组的信息序列段，每个信息序列段按照一定的规律添加 r 个监督码元，从而构成总码长为 $n(n=k+r)$ 的分组码，记为 (n, k)，当监督码元与信息码元的关系为线性关系时就构成线性分组码。

线性分组码

2. 线性分组码的监督矩阵 H 和生成矩阵 G

如前所述，(n, k)线性分组码中附加的监督码元是由信息码元的线性运算产生的，下面以(7，4)线性分组码为例来说明如何构造这种线性分组码。

在(7，4)线性分组码中，码长 $n=7$，信息元的个数 $k=4$，则监督元的个数 $r=3$。(7，4)线性分组码的每一个码组可写成 $C=[c_6 c_5 c_4 c_3 c_2 c_1 c_0]$，其中 $c_6 c_5 c_4 c_3$ 为信息位，$c_2 c_1 c_0$ 为监督位。它们之间的监督关系可用线性方程组描述为

$$\begin{cases} c_2 = c_6 \oplus c_5 \oplus c_4 \\ c_1 = c_6 \oplus c_5 \oplus c_3 \\ c_0 = c_6 \oplus c_4 \oplus c_3 \end{cases} \tag{6-1}$$

利用式(6-1)给出的一个 4 位的信息组，就可以编码输出一个 7 位的码字。由此得到 16 个许用码组，其信息位与对应的监督位列于表 1-6-5 中。

表 1-6-5　(7，4)线性分组码

信息位				监督位			信息位				监督位		
c_6	c_5	c_4	c_3	c_2	c_1	c_0	c_6	c_5	c_4	c_3	c_2	c_1	c_0
0	0	0	0	0	0	0	1	0	0	0	1	1	1
0	0	0	1	0	1	1	1	0	0	1	1	0	0
0	0	1	0	1	0	1	1	0	1	0	0	1	0
0	0	1	1	1	1	0	1	0	1	1	0	0	1
0	1	0	0	1	1	0	1	1	0	0	0	0	1
0	1	0	1	1	0	1	1	1	0	1	0	1	0
0	1	1	0	0	1	1	1	1	1	0	1	0	0
0	1	1	1	0	0	0	1	1	1	1	1	1	1

式(6-1)的监督方程组也可以改写为

$$\begin{cases} c_6 \oplus c_5 \oplus c_4 \oplus c_2 = 0 \\ c_6 \oplus c_5 \oplus c_3 \oplus c_1 = 0 \\ c_6 \oplus c_4 \oplus c_3 \oplus c_0 = 0 \end{cases} \tag{6-2}$$

进一步，式(6-2)写成矩阵形式为

$$\begin{bmatrix} 1 & 1 & 1 & 0 & 1 & 0 & 0 \\ 1 & 1 & 0 & 1 & 0 & 1 & 0 \\ 1 & 0 & 1 & 1 & 0 & 0 & 1 \end{bmatrix} \begin{bmatrix} c_6 \\ c_5 \\ c_4 \\ c_3 \\ c_2 \\ c_1 \\ c_0 \end{bmatrix} = \begin{bmatrix} 0 \\ 0 \\ 0 \end{bmatrix} \tag{6-3}$$

若令

$$\boldsymbol{H} = \begin{bmatrix} 1 & 1 & 1 & 0 & 1 & 0 & 0 \\ 1 & 1 & 0 & 1 & 0 & 1 & 0 \\ 1 & 0 & 1 & 1 & 0 & 0 & 1 \end{bmatrix} \tag{6-4}$$

$$C = \begin{bmatrix} c_6 c_5 c_4 c_3 c_2 c_1 c_0 \end{bmatrix}$$
$$0 = \begin{bmatrix} 000 \end{bmatrix}$$

则有

$$HC^{\mathrm{T}} = 0^{\mathrm{T}} \quad \text{或} \quad CH^{\mathrm{T}} = 0 \tag{6-5}$$

右上标"T"表示将矩阵转置,例如,H^{T} 表示是矩阵 H 的转置矩阵,即矩阵 H^{T} 的第一行为矩阵 H 的第一列,矩阵 H^{T} 的第二行为矩阵 H 的第二列。

由于式(6-5)来自监督方程,因此 H 称为线性分组码的监督矩阵。监督矩阵的作用就是对编码进行监督,如果无错,则式(6-5)运算结果为零矩阵;如果有错,则结果就为非零矩阵。只要监督矩阵 H 给定,则线性分组码的监督位和信息位的关系就可完全确定。从式(6-4)可看出,H 的行数就是监督关系式的数目,它等于监督码元的数目 r,而 H 的列数就是码长 n,这样 H 就为 $r \times n$ 阶矩阵。矩阵 H 的每行元素"1"的位置表示相应码元之间存在的监督关系。例如 H 的第一行 1110100 表示监督位为 c_2,是由信息位 $c_6 c_5 c_4$ 的模 2 和决定的。

式(6-4)中的监督矩阵 H 可以分成两部分,即

$$H = \begin{array}{c} \phantom{r\{} \\ r\{\end{array} \overbrace{\begin{bmatrix} 1 & 1 & 1 & 0 \\ 1 & 1 & 0 & 1 \\ 1 & 0 & 1 & 1 \end{bmatrix}}^{k} \overbrace{\begin{bmatrix} 1 & 0 & 0 \\ 0 & 1 & 0 \\ 0 & 0 & 1 \end{bmatrix}}^{r} = \begin{bmatrix} P | I_r \end{bmatrix} \tag{6-6}$$

式中,P 为 $r \times k$ 阶矩阵,I_r 为 $r \times r$ 阶单位矩阵。一般形式的 H 矩阵可以通过行的初等变换将其变换为典型形式,即式(6-1)也可以改写成矩阵形式为

$$\begin{bmatrix} c_2 \\ c_1 \\ c_0 \end{bmatrix} = \begin{bmatrix} 1 & 1 & 1 & 0 \\ 1 & 1 & 0 & 1 \\ 1 & 0 & 1 & 1 \end{bmatrix} \begin{bmatrix} c_6 \\ c_5 \\ c_4 \\ c_3 \end{bmatrix} \tag{6-7}$$

对式(6-7)两侧做矩阵转置,再结合式(6-6)可得

$$\begin{bmatrix} c_2 c_1 c_0 \end{bmatrix} = \begin{bmatrix} c_6 c_5 c_4 c_3 \end{bmatrix} \begin{bmatrix} 1 & 1 & 1 \\ 1 & 1 & 0 \\ 1 & 0 & 1 \\ 0 & 1 & 1 \end{bmatrix} = \begin{bmatrix} c_6 c_5 c_4 c_3 \end{bmatrix} P^{\mathrm{T}} = \begin{bmatrix} c_6 c_5 c_4 c_3 \end{bmatrix} Q \tag{6-8}$$

式中 Q 为一个 $k \times r$ 阶矩阵,它为矩阵 P 的转置,即

$$Q = P^{\mathrm{T}} \tag{6-9}$$

式(6-9)表明,信息位给定后,用信息位的行矩阵乘以 Q 矩阵就可以计算出各监督位,即

$$\begin{bmatrix} c_2 c_1 c_0 \end{bmatrix} = \begin{bmatrix} c_6 c_5 c_4 c_3 \end{bmatrix} \cdot Q \tag{6-10}$$

要得到整个码组,将 Q 的左边加上一个 $k \times k$ 阶单位方阵,就构成一个新的矩阵 G,即

$$G = \begin{bmatrix} I_k | Q \end{bmatrix} = \begin{bmatrix} 1 & 0 & 0 & 0 & 1 & 1 & 1 \\ 0 & 1 & 0 & 0 & 1 & 1 & 0 \\ 0 & 0 & 1 & 0 & 1 & 0 & 1 \\ 0 & 0 & 0 & 1 & 0 & 1 & 1 \end{bmatrix} \tag{6-11}$$

G 称为生成矩阵，因为由它可以产生整个码组，即有

$$C = [c_6 c_5 c_4 c_3] \cdot G \tag{6-12}$$

式(6-12)表明，如果找到了码的生成矩阵 G，则编码方法就完全确定了，这就是该矩阵为什么称之为生成矩阵的原因。具有 $G = [I_k | Q]$ 形式的生成矩阵称为典型生成矩阵。由典型生成矩阵得出的码组中，信息位不变，监督位附加其后，这种码称为系统码。

典型的监督矩阵 H 与典型的生成矩阵 G 之间的关系可总结为

$$H = [P | I_r]; \quad Q = P^T; \quad G = [I_k | Q] \tag{6-13}$$

P 矩阵是监督方程组信息码系数矩阵，Q 矩阵是矩阵 P 的转置，I 矩阵为单位方阵。

【例 6-1】 某(7,4)线性分组码，监督方程如下：

$$c_2 = c_6 \oplus c_5 \oplus c_3$$
$$c_1 = c_6 \oplus c_4 \oplus c_3$$
$$c_0 = c_5 \oplus c_4 \oplus c_3$$

(1) 求监督矩阵 H 和生成矩阵 G。

(2) 如信息码为 0010，求整个码组 C。

解：(1) 已知监督方程可改写为

$$c_2 \oplus c_6 \oplus c_5 \oplus c_3 = 0$$
$$c_1 \oplus c_6 \oplus c_4 \oplus c_3 = 0$$
$$c_0 \oplus c_5 \oplus c_4 \oplus c_3 = 0$$

由此得出监督矩阵 H 为

$$H = \begin{bmatrix} 1 & 1 & 0 & 1 & 1 & 0 & 0 \\ 1 & 0 & 1 & 1 & 0 & 1 & 0 \\ 0 & 1 & 1 & 1 & 0 & 0 & 1 \end{bmatrix} = [P | I_r] \qquad Q = P^T = \begin{bmatrix} 1 & 1 & 0 \\ 1 & 0 & 1 \\ 0 & 1 & 1 \\ 1 & 1 & 1 \end{bmatrix}$$

生成矩阵 G 为

$$G = [I_k | Q] = \begin{bmatrix} 1 & 0 & 0 & 0 & 1 & 1 & 0 \\ 0 & 1 & 0 & 0 & 1 & 0 & 1 \\ 0 & 0 & 1 & 0 & 0 & 1 & 1 \\ 0 & 0 & 0 & 1 & 1 & 1 & 1 \end{bmatrix}$$

(2) 如信息码为 0010，则整个码组 C 为

$$C = [信息码] \cdot G = [0010] \cdot \begin{bmatrix} 1 & 0 & 0 & 0 & 1 & 1 & 0 \\ 0 & 1 & 0 & 0 & 1 & 0 & 1 \\ 0 & 0 & 1 & 0 & 0 & 1 & 1 \\ 0 & 0 & 0 & 1 & 1 & 1 & 1 \end{bmatrix} = [0010011]$$

3. 汉明码

汉明码是一种能纠正一位错码且编码效率较高的线性分组码。它是 1950 年由贝尔实验室提出来的，是第一个设计用来纠正错误的线性分组码，汉明码及其变形在数据存储系统中被作为差错控制码已得到广泛应用。

二进制汉明码中 n 和 k 服从以下规律，即

$$(n, k) = (2^r - 1, 2^r - 1 - r) \tag{6-14}$$

式中 r 为监督码组个数，$r = n - k$，当 $r = 3, 4, 5, 6 \cdots$ 时，有 $(7, 4)$，$(15, 11)$，$(31, 26)$，$(63, 57) \cdots$ 汉明码。

问题 6-7 线性分组码是怎么译码的？

假如发送码组为 $\boldsymbol{A} = [a_{n-1}\ a_{n-2} \cdots a_0]$，接收码组为 $\boldsymbol{B} = [b_{n-1}\ b_{n-2} \cdots b_0]$。由于发送码组在传输的过程中会受到干扰，致使接收码组与发送码组不一定相同。因此，定义发送码组和接收码组之差为

$$\boldsymbol{B} - \boldsymbol{A} = \boldsymbol{E} \quad （模 2 和） \tag{6-15}$$

$\boldsymbol{E}$ 是传输中产生的错码行矩阵，即

$$\boldsymbol{E} = [e_1 \quad e_2 \quad \cdots \quad e_0] \tag{6-16}$$

其中，

$$e_i = \begin{cases} 0, & 当 b_i = a_i \\ 1, & 当 b_i \neq a_i \end{cases} \tag{6-17}$$

若 $e_i = 0$，表示该位接收码元无误；若 $e_i = 1$，则表示该位接收码元有误。$\boldsymbol{E}$ 是一个由"1"和"0"组成的行矩阵，它反映了误码状况，故被称为错误图样。例如，若发送码组 $\boldsymbol{A} = [1001101]$，接收码组 $\boldsymbol{B} = [1001001]$，显然 B 中有一位错误。由式 $(6-15)$ 可得错误图样为 $\boldsymbol{E} = [0000100]$。可见，$\boldsymbol{E}$ 的码重就是误码的个数，因此 $\boldsymbol{E}$ 的码重越小越好。另外，式 $(6-15)$ 也可以改写为

$$\boldsymbol{B} = \boldsymbol{A} \oplus \boldsymbol{E} \tag{6-18}$$

当接收端接收到码组 $\boldsymbol{B}$ 时，可用监督矩阵 $\boldsymbol{H}$ 进行校验，即将接收码组 $\boldsymbol{B}$ 代入式 $(6-5)$ 进行验证。若接收码组中无错码，即 $\boldsymbol{E} = \boldsymbol{0}$，则 $\boldsymbol{B} = \boldsymbol{A} \oplus \boldsymbol{E} = \boldsymbol{A}$。即把 $\boldsymbol{B}$ 代入式 $(6-5)$ 后该式仍然成立，则有

$$B \cdot \boldsymbol{H}^{\mathrm{T}} = 0 \tag{6-19}$$

当接收码组有误时，即 $\boldsymbol{E} \neq \boldsymbol{0}$，则 $\boldsymbol{B} = \boldsymbol{A} \oplus \boldsymbol{E}$。即把 $\boldsymbol{B}$ 代入式 $(6-5)$ 后该式不成立，则有 $\boldsymbol{B} \cdot \boldsymbol{H}^{\mathrm{T}} \neq 0$。我们定义

$$\boldsymbol{B} \cdot \boldsymbol{H}^{\mathrm{T}} = \boldsymbol{S} \tag{6-20}$$

将 $B = A \oplus E$ 代入式 $(6-20)$ 中，可得

$$\begin{aligned} \boldsymbol{S} &= \boldsymbol{B} \cdot \boldsymbol{H}^{\mathrm{T}} \\ &= (\boldsymbol{A} \oplus \boldsymbol{E}) \cdot \boldsymbol{H}^{\mathrm{T}} \\ &= \boldsymbol{A} \cdot \boldsymbol{H}^{\mathrm{T}} \oplus \boldsymbol{E} \cdot \boldsymbol{H}^{\mathrm{T}} \\ &= \boldsymbol{E} \cdot \boldsymbol{H}^{\mathrm{T}} \end{aligned} \tag{6-21}$$

其中，$\boldsymbol{S}$ 是一个 r 维的行向量，被称为校正子，或伴随式。式 $(6-21)$ 表明伴随式 $\boldsymbol{S}$ 与错误图样 $\boldsymbol{E}$ 之间有确定的线性变换关系，而与发送码组 $\boldsymbol{A}$ 无关。所以，可以采用伴随式 $\boldsymbol{S}$ 来判断传输中是否发生了错误。若伴随式 $\boldsymbol{S}$ 与错误图样 $\boldsymbol{E}$ 之间一一对应，则伴随式 $\boldsymbol{S}$ 将能代表错码发生的位置。

例如接收码组 $B = [1 \ 0 \ 0 \ 1 \ 0 \ 0 \ 1]$，把 (6.6) 式的 H 代入 (6.20) 式，可得 $S = [101]$。根据 $S = E \cdot H^{\mathrm{T}}$ 可得伴随式与错误图样的对应关系，即 $E_6 = [1000000]$，则 $S_6 = [111]$；$E_5 = [0100000]$，则 $S_5 = [110]$；$E_4 = [0010000]$，则 $S_4 = [101]$；$E_3 = [0001000]$，则 $S_3 = [011]$；$E_2 = [0000100]$，则 $S_2 = [100]$；$E_1 = [0000010]$，则

$S_1 = [010]$; $E_0 = [0000001]$，则 $S_0 = [001]$；可伴随式 $S = [101]$ 找出错误图样为 E_4，则得出正确码组 $A = [1011001]$。

从以上分析可以得到线性分组码的译码过程为：

（1）根据接收码组 **B** 计算其伴随式 **S**；

（2）根据伴随式 **S** 找出对应的错误图样 **E**，并确定误码位置；

（3）根据错误图样 **E** 和 $A = B \oplus E$ 得到正确的码组 **A**。

6.3 循 环 码

问题 6−8 什么是循环码？

线性分组码中的任一码组循环移位后所得到的码组仍为一许用码组，称为循环码。例如：若 $(a_{n-1}, a_{n-2}, \cdots, a_1, a_0)$ 为一循环码组，则 $(a_{n-2}, a_{n-3}, \cdots, a_0, a_{n-1})$ 也是一许用码组。不论右移或左移，移位位数多少，其结果均为许用码组。在实际差错控制系统中所使用的线性分组码几乎都是循环码。例如表 1−6−6 所示是一种 (7,3) 循环码的全部许用码组，由此表可以直观看出这种码的循环性。其循环方式如图 1−6−4 所示。

第 19 讲 循环码及卷积码

表 1−6−6 (7,3) 循环码的全部许用码组

码组编号	信息位			监督位				码组编号	信息位			监督位			
	c_6	c_5	c_4	c_3	c_2	c_1	c_0		c_6	c_5	c_4	c_3	c_2	c_1	c_0
1	0	0	0	0	0	0	0	5	1	0	0	1	0	1	1
2	0	0	1	0	1	1	1	6	1	0	1	1	1	0	0
3	0	1	0	1	1	1	0	7	1	1	0	0	1	0	1
4	0	1	1	1	0	0	1	8	1	1	1	0	0	1	0

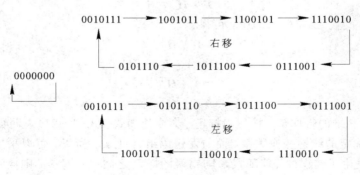

图 1−6−4 循环码的循环方式

问题 6−9 循环码怎么编码？

1. 循环码的码多项式

为了便于用代数理论研究循环码，把长为 n 的码组与 $n-1$ 次多项式建立一一对应关

系，即把码组中各码元当作是一个多项式的系数。若一个码组 $C=(c_{n-1},c_{n-2},\cdots,c_1,$ $c_0)$，则用相应的多项式表示为

$$C(x)=c_{n-1}x^{n-1}+c_{n-2}x^{n-2}+\cdots+c_1x+c_0 \qquad (6-22)$$

则称 $C(x)$ 为码组 C 的码多项式。式(6-22)中 x 的值没有任何意义，仅用它的幂次代表码元的位置。例如码组 1100101 可以表示为

$$C(x)=1\cdot x^6+1\cdot x^5+0\cdot x^4+0\cdot x^3+1\cdot x^2+0\cdot x^1+1\cdot x^0$$
$$=x^6+x^5+x^2+1$$

在码多项式中，x 的幂次仅是码元位置的标记。多项式中 x^i 存在只表示该对应码位上是"1"码，否则为"0"码，我们称这种多项式为码多项式。由此可知码组和码多项式本质上是相同的，只是表示方法不同而已。在循环码中，一般用码多项式表示码组。

2. 循环码的生成多项式

循环码是一种特殊的具有循环特性的线性分组码，其编译码除了可以采用一般线性分组码的生成矩阵和监督矩阵方法外，还可以采用多项式的运算方法。采用多项式编译码需要先找到循环码的生成多项式。循环码可以使用生成多项式 $g(x)$ 来进行编码，且对于生成多项式 $g(x)$ 有一定的要求，下面来看看生成多项式 $g(x)$ 的特点。

一个 (n,k) 循环码共有 $2k$ 个许用码组，其中有一个码组前 $(k-1)$ 位码元均为"0"，第 k 位码元为"1"，第 n 位(最后一位)码元为"1"，其他码元无限制(既可以是"0"，也可以是"1")。此码组可以表示为

$$(\underbrace{00\cdots0}_{k-1}\quad 1\quad g_{n-k-1}\cdots g_2g_1\quad 1) \qquad (6-23)$$

之所以第 k 位码元和第 n 位(最后一位)码元必须为"1"，其原因如下：

(1) 在 (n,k) 循环码中，除"0"码组外，连"0"的长度最多只能有 $k-1$ 位，否则在经过若干次循环移位后，将得到一个 k 位信息全为"0"，但监督码位不全为"0"的码组，这在线性码中显然是不可能的(信息位全为"0"，监督码位也必定全为"0")。

(2) 若第 n 位(最后一位)码元不为"1"，则该码组(前 $k-1$ 位码元均为"0")循环右移后，将成为前 k 位信息都是"0"而后面 $(n-k)$ 位监督位不都为"0"的码组，这是不允许的。

以上证明 $(000\cdots0\ 1\ g_{n-k-1}\cdots\ g_2g_1 1)$ 为 (n,k) 循环码的一个许用码组，其对应的多项式为

$$g(x)=x^{n-k}+g_{n-k-1}x^{n-k-1}+\cdots+g_1x+1 \qquad (6-24)$$

这样的码多项式只有一个，因为如果有两个最高次幂为 $(n-k)$ 的码多项式，则由循环码的封闭性可知，把这两个码字相加产生的码字前 k 位连续都为"0"，这种情况不可能出现，所以在 (n,k) 循环码中，最高次幂为 $(n-k)$ 次的码多项式只有一个，即 $g(x)$ 具有唯一性。

根据以上分析可归纳如下：(n,k) 循环码中的 $2k$ 个许用码组中，只有一个码组前 $(k-1)$ 位码元均为 0，第 k 位码元为 1，第 n 位(也就是最后一位)码元为 1，此码组对应的多项式即为生成多项式 $g(x)$，其最高幂次为 $(n-k)$ 次。

【例 6-2】 求如表 1-6-6 所示的 $(7,3)$ 循环码的生成多项式。

解：由上面的分析可知，表 1-6-6 所示的 $(7,3)$ 循环码对应的生成多项式为第 2 个

码组 0010111 生成多项式，即

$$g(x)=x^4+x^2+x+1$$

可以证明，生成多项式 $g(x)$ 必定是 x^n+1 的一个因式。这一结论为寻找循环码的生成多项式指出了一条道路，即循环码的生成多项式应该是 x^n+1 的一个 $(n-k)$ 次因子。

例如，x^7+1 可以分解为

$$x^7+1=(x+1)(x^3+x^2+1)(x^3+x+1) \tag{6-25}$$

为了求出 $(7,3)$ 循环码的生成多项式 $g(x)$，就要从上式中找出一个 $n-k=7-3=4$ 次的因式，从式 $(6-25)$ 中不难看出这样的因式有两个，即

$$(x+1)(x^3+x^2+1)=x^4+x^2+x+1 \tag{6-26}$$

$$(x+1)(x^3+x+1)=x^4+x^3+x^2+1 \tag{6-27}$$

以上两式都可以作为 $(7,3)$ 循环码的生成多项式，不过选用的生成多项式不同，则产生出的循环码的码组就不同。这里利用式 $(6-26)$ 作为生成多项式产生的循环码，即如表 1-6-6 所示。

3. 循环码的编码方法

在编码时，首先要根据给定的 (n,k) 值选定生成多项式 $g(x)$，即从 (x^n+1) 的因子中选出一个 $(n-k)$ 次多项式作为 $g(x)$。然后利用码字多项式 $T(x)$ 均能被 $g(x)$ 整除这一特点来进行编码。设 $m(x)$ 为信息码多项式，其次数小于 k，用 x^{n-k} 乘以 $m(x)$，得到的 $x^{n-k}m(x)$ 的次数必定小于 n，再用 $g(x)$ 除 $x^{n-k}m(x)$ 得到余式 $r(x)$。$r(x)$ 的次数小于 $g(x)$ 的次数，即小于 $(n-k)$。将此余式 $r(x)$ 加于信息位之后作为监督位，即将 $r(x)$ 与 $x^{n-k}m(x)$ 相加，得到的多项式必定是一个码多项式。因为码多项式能被 $g(x)$ 整除，因此商的次数不大于 $(k-1)$。

根据上述原理，编码步骤可归纳如下：

（1）根据给定的 (n,k) 值和对纠错能力的要求，选定生成多项式 $g(x)$，即从 (x^n+1) 的因式中选定一个 $(n-k)$ 次多项式作为 $g(x)$。

（2）用信息码元的多项式 $m(x)$ 表示信息码元。例如信息码元为 110，它相当于 $m(x)=x^2+x$。

（3）用 $m(x)$ 乘以 x^{n-k}，得到 $x^{n-k}m(x)$。这一运算实际上是在信息位的后面附加了 $(n-k)$ 个"0"。例如，信息码多项式为 $m(x)=x^2+x$ 时，$x^{n-k}m(x)=x^4(x^2+x)=x^6+x^5$，它相当于 1100000。

（4）用 $g(x)$ 去除 $x^{n-k}m(x)$ 可得到商式 $Q(x)$ 和余式 $r(x)$，即

$$\frac{x^{n-k}m(x)}{g(x)}=Q(x)+\frac{r(x)}{g(x)} \tag{6-28}$$

例如，选定 $g(x)=x^4+x^3+x^2+1$，则

$$\frac{x^{n-k}m(x)}{g(x)}=\frac{x^6+x^5}{x^4+x^3+x^2+1}=(x^2+1)+\frac{x^3+1}{x^4+x^3+x^2+1} \tag{6-29}$$

则上式相当于

$$\frac{110\ 0000}{11101}=101+\frac{1001}{11101} \tag{6-30}$$

（5）编码出的码字多项式 $T(x)$ 为

$$T(x) = x^{n-k}m(x) + r(x) \tag{6-31}$$

则信息码 110 的码字多项式 $T(x) = 110\,0000 + 1001 = 110\,1001$。

【例 6-3】 已知一种 $(7,3)$ 循环码，生成多项式为 $g(x) = x^4 + x^3 + x^2 + 1$，求信息码为 111 时，编码出的循环码组。

解:

（1）写出码多项式

$$m(x) = x^2 + x + 1$$

（2）用 x^{n-k} 乘以信息码多项式 $m(x)$ 得到

$$x^{n-k}m(x) = x^4(x^2 + x + 1) = x^6 + x^5 + x^4$$

（3）用 $g(x)$ 除 $x^{n-k}m(x)$，得到商式 $Q(x)$ 和余式 $r(x)$，即

$$\frac{x^6 + x^5 + x^4}{x^4 + x^3 + x^2 + 1} = x^2 + \frac{x^2}{x^4 + x^3 + x^2 + 1}$$

其中，余式 $r(x) = x^2$。

（4）求循环码的码多项式。

由

$$C(x) = x^{n-k}m(x) + r(x)$$

可得

$$C(x) = x^6 + x^5 + x^4 + x^2$$

因此，信息码为 111 时，编码出的循环码组为 111 0100。

【例 6-4】 已知信息码为 1101，生成多项式 $C(x) = x^3 + x + 1$，编码一个 $(7,4)$ 循环码。

解:

（1）写出码多项式

$$m(x) = x^3 + x^2 + 1$$

（2）用 x^{n-k} 乘以信息码多项式 $m(x)$ 得到

$$x^{n-k}m(x) = x^3(x^3 + x^2 + 1) = x^6 + x^5 + x^3$$

（3）用 $g(x)$ 除 $x^{n-k}m(x)$，得到商式 $Q(x)$ 和余式 $r(x)$，即

$$\frac{x^6 + x^5 + x^3}{x^3 + x + 1} = x^3 + x^2 + x + 1 + \frac{1}{x^3 + x + 1}$$

其中，余式 $r(x) = 1$。

（4）求循环码的码多项式。

由

$$C(x) = x^{n-k} + m(x) + r(x)$$

可得

$$C(x) = x^6 + x^5 + x^3 + 1$$

因此信息码为 1101 时，编码出的循环码组为 110 1001。

问题 6-10 循环码怎么解码的？

4. 循环码的解码

接收端解码的要求有两个：检错和纠错。

（1）检错的实现。

达到检错目的的解码原理十分简单。由于任何一码组多项式 $C(x)$ 应能被生成式多项式 $g(x)$ 整除，所以在接收端可以将接收码组多项式 $R(x)$ 用原生成多项式 $g(x)$ 去除，当传输中未发生错误时，接收码组与发送码组相同，即 $R(x)=C(x)$，故码组多项式 $R(x)$ 能被 $g(x)$ 整除；若码组在传输中发生错误，则 $R(x)\neq C(x)$，$R(x)$ 被 $g(x)$ 除时可能除不尽而有余项，即有

$$\frac{R(x)}{g(x)}=Q'(x)+\frac{r'(x)}{g(x)} \tag{6-32}$$

因此，我们以余项是否为零来判别码组中有无错码。这里还需指出一点，如果信道中错误的个数超过了这种编码的检错能力，恰好使有错码的接受码组能被 $g(x)$ 整除，这时的错码就不能检出了，这种错误称为不可检错误。

（2）纠错的实现。

在接收端为纠错而采用的解码方法自然比检错时复杂。若要纠正错误，则需要知道错误图样 $E(x)$，以便纠正错误。原则上纠错解码可按以下步骤进行。

（1）用生成多项式 $g(x)$ 去除接收码组 $R(x)$，其中 $R(x)=C(x)+E(x)$（模 2 加），得到余式 $r'(x)$；

（2）按余式用查表的方法或通过某种运算得到错误图样 $E(x)$；

（3）从 $R(x)$ 中减去 $E(x)$（模 2 加），得到纠错后的原发送码组 $C(x)$。

6.4　卷　积　码

问题 6－11　什么是卷积码？

卷积码是 1955 年由 Elias 提出的，它与分组码不同。分组码是把 k 个信息码元的序列编码成 n 个码元的码组，每个码组的 $(n-k)$ 个校验码元仅与本码组的 k 个信息码元有关，而与其他码组无关。为了达到一定的纠错能力和编码效率（$R_c=k/n$），分组码的码组长度通常都比较大。编译码时必须把整个信息码组存储起来，由此产生的延时随着 n 的增加而线性增加。

卷积码编码时，本组的 $n-k$ 个校验码元不仅与本组的 k 个信息码元有关，而且还与以前各时刻输入到编码器的 $(N-1)$ 个信息组有关。同样，卷积码在译码过程中，不仅从此时刻收到的码组中提取译码信息，而且还要从以前收到的 $(N-1)$ 段码组中提取有关信息。通常把 N 称为约束长度。常把卷积码记作 (n,k,N)，它的编码效率为 $R_c=k/n$。卷积码中每组的信息位 k 和码长 n 通常比分组码的 k 和 n 要小。

卷积码在编码过程中，充分利用了各码组之间的相关性，且 n 和 k 也较小，因此，在与分组码同样的编码效率 R_c 和设备复杂性条件下，无论从理论上还是实际上均已证明卷积码的性能比分组码要好，且实现最佳和准最佳译码也比分组码容易。另外，由于卷积码各码组之间相互关联，至今尚未找到像分组码一样通过严密的数学手段把纠错性能与码的构成十分有规律地联系起来，目前卷积码大都还是采用计算机搜索的方法来寻找性能优良的好码。

问题 6－12　卷积码编码规则是什么？

描述卷积码的方法有两类：图解方法和解析方法。解析方法比较抽象，因此，我们采

用图解的方法直观描述其编码过程。常用的图解法有树状图、状态图和网格图 3 种。下面通过一个例子来说明卷积码的编码和译码原理。

如图 1-6-4 所示是卷积码(2,1,3)的编码器,它由移位寄存器、模 2 加法器及开关电路组成。每输入一个信息比特,经编码后则产生两个输出信息比特。

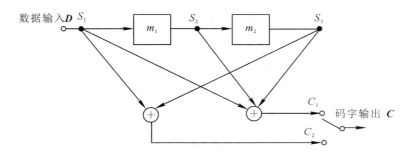

图 1-6-4 卷积码(2,1,3)编码器

编码器处于起始状态时,各级移位寄存器清零,即 $S_1S_2S_3$ 为 000。当编码器输入数据时,S_1 等于当前输入数据,而移位寄存器状态 S_2S_3 仍存储以前的数据,输出码字 C 由下式确定:

$$\begin{cases} C_1 = S_1 \oplus S_2 \oplus S_3 \\ C_2 = S_1 \oplus S_3 \end{cases}$$

当输入数据 $D = 11010$ 时,输出码字就可以计算出来,具体计算过程如表 1-6-8 所示。另外,为了保证全部数据通过寄存器,还必须在数据位后加 3 个 0。

从上述计算可知,卷积码 (n,k,N) 中,每一位数据影响 N 个输出子码。每个子码有 n 个码元,在卷积码中有约束关系的最大码元长度为 nN。

表 1-6-8 (2,1,3)编码器工作过程

S_1	1	1	0	1	0	0	0	0
S_3S_2	00	01	11	10	01	10	00	00
C_1C_2	11	01	01	00	10	11	00	00
寄存器状态	a	b	d	c	b	c	a	a

1. 树状图编码

树状图描述的是在任何数据序列输入时,码字所有可能的输出。对应于如图 1-6-4 所示的卷积码(2,1,3)编码器,可以画出其树状图如图 1-6-5 所示。

树状图中,每条树权上所标注的码元为输出比特,每个节点上标注的 a、b、c、d 为移位寄存器状态,其中 $a=00$,$b=01$,$c=10$,$d=11$。以 $S_1S_2S_3=000$ 作为起点,若第一位数据 $S_1=0$,输出 $C_1C_2=00$,从起点通过上支路到达状态 a,即 $S_3S_2=00$;若 $S_1=1$,输出 $C_1C_2=11$,从起点通过下支路到达状态 b,即 $S_3S_2=01$;以此类推,可得整个树状图。输入不同的信息序列,编码器就走不同的路径,输出不同的码序列。例如当输入数据为 11010 时,沿着树状图依次经过状态 $a \rightarrow b \rightarrow d \rightarrow c \rightarrow b$,得到的输出码序列为 11010100…,与如

表 1-6-8 所示的结果一致。显然，对于第 j 个输入信息比特，有 $2j$ 条支路，但在 $j=N \geqslant 3$ 时，树状图的节点自上而下开始重复出现 4 种状态。

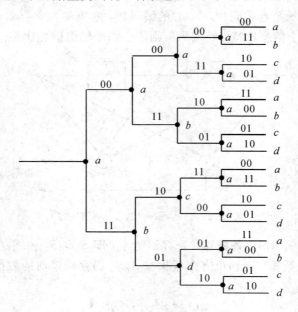

图 1-6-5 (2，1，3)卷积码的树状图

2. 状态图编码

如图 1-6-6 所示为卷积码(2，1，3)编码器的状态图。在图中有 4 个节点 a、b、c、d，同样分别表示 $S_3 S_2$ 的 4 种可能状态。每个节点有两条线离开该节点，实线表示输入数据为 0，虚线表示输入数据为 1，线旁的数字即为输出码字。图中两个闭合圆环分别表示 $a-a$ 和 $d-d$ 状态转移。

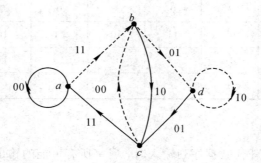

图 1-6-6 (2，1，3)卷积码的状态图

3. 网格图编码

网格图由状态图在时间上展开而得到，如图 1-6-7 所示。图中画出了所有可能数据输入时状态转移的全部可能轨迹，实线表示输入数据为 0，虚线表示输入数据为 1，线旁数字为输出码字，节点表示状态，自上而下 4 个节点分别表示 a、b、c、d 四种状态。一般情况下应有 $2N-1$ 种状态，从第 N 节(从左向右计数)开始，网格图图形开始重复而且完全

相同。

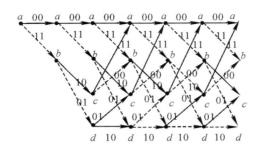

图 1 - 6 - 7 (2, 1, 3)卷积码的网格图

上述 3 种卷积码的描述方法，不但有助于求解输出码字，以及了解编码工作过程，而且对研究解码方法也很有用。

问题 6 - 13 卷积码是怎么译码的？

一般说来，卷积码有以下两类译码方法：

（1）代数译码，这是利用编码本身的代数结构进行译码，不考虑信道的统计特性。

（2）概率译码，这种译码方法在计算时要考虑信道的统计特性。典型的算法有维特比译码、序列译码等。

下面以图 1 - 6 - 4 所示的卷积码(2, 1, 3)编码器为例说明维特比译码的过程，如图 1 - 6 - 8 所示。根据图 1 - 6 - 8，发送的信息码序列为 11010，为使得全部信息码都能通过编码器，后面补了 3 个"0"，卷积码编码器的输出序列为 1101 0100 1011 0000。假设接收序列为 0101 0110 1001 0001，我们使用维特比译码就能正确译出发送的信息码序列 11010。

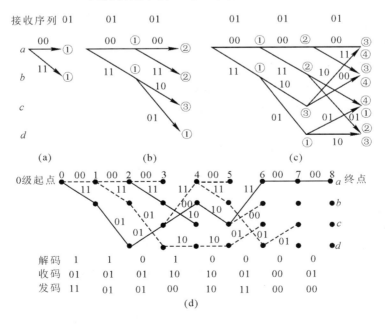

图 1 - 6 - 8 维特比译码的过程

6.5　Turbo 码

1993 年两位法国教授 Berrou 与 Glavieux 和他们的缅甸籍博士生 Thitimajshima 在 ICC 会议上发表的 "Near Shannon limit error-correcting coding and decoding：Turbo codes"文章，提出了一种全新的编码方式——Turbo 码。它巧妙地将两个简单分量码通过伪随机交织器并行级联来构造具有伪随机特性的长码，并通过在两个输入/输出译码器（SISO）之间进行多次迭代实现了伪随机译码。

【巩固练习】

1. 请说明差错控制方式的目的是什么？常用的差错控制方式有哪些？

2. 已知线性分组码的 8 个码字为：000000，001110，010101，011011，100011，101101，110110，111000，求该码组的最小码距。

3. 上题所给的码组若用于检错，能检测几位错？若用于纠错，能纠正几位错？若同时用于检错与纠错，情况又如何？

4. 码长为 $n=15$ 的汉明码，监督位应为多少？编码效率为多少？

5. 已知汉明码的监督矩阵为

$$H = \begin{bmatrix} 1 & 1 & 1 & 0 & 1 & 0 & 0 \\ 1 & 1 & 0 & 1 & 0 & 1 & 0 \\ 1 & 0 & 1 & 1 & 0 & 0 & 1 \end{bmatrix}$$

求：（1）n 和 k 是多少？

（2）编码效率是多少？

（3）生成矩阵 G。

（4）若信息位全为"1"，求监督码元。

（5）校验码 0100110 和 0000011 是否为许用码字？若有错，请纠正。

6. 已知$(7,3)$线性分组码的生成矩阵为

$$G = \begin{bmatrix} 1 & 0 & 0 & 0 & 1 & 1 & 1 \\ 0 & 1 & 0 & 1 & 1 & 1 & 0 \\ 0 & 0 & 1 & 1 & 1 & 0 & 1 \end{bmatrix}$$

求：（1）所有的码字。

（2）编码效率是多少？

（3）监督矩阵 H。

（4）最小码距及纠、检错能力。

7. 已知$(15,5)$循环码的生成多项式 $g(x)=x^{10}+x^8+x^5+x^4+x^2+x+1$，求信息码 10011 所对应的循环码。

第 7 章　定时与同步

问题 7 - 1：什么是同步呢？同步有什么作用？

第 20 讲　同步技术

同步就是使系统的收发两端在时间上保持步调一致，同步也称为定时。通信双方不同步时，信息发送端的信息就不能被接收端正确接收。同步是通信系统中一个重要的技术问题。通信系统能否有效、可靠地工作，在很大程度上依赖于良好的同步系统。同步是进行数字通信的前提和基础，同步性能的好坏直接影响通信系统的性能。本章主要讨论常见的几种同步技术及其实现方法。

7.1　定时系统

数字信号由一些等长的码元序列组成，用这些码元在时间上的不规律性表示不同的信息。要使这些数字信号不发生错误或保持这些码元排列规律的正确性，发送端和接收端都要有稳定而准确的定时脉冲。定时就是控制接收端和发送端的各部分电路始终按规定的节拍工作。

1. 定时脉冲的种类

（1）主时钟。它能产生高稳定的时钟信号，为其他定时脉冲提供时钟源。在 PCM30/32 路系统中，主时钟的频率为 2048 kHz。

（2）位脉冲。在发送端，位脉冲用做编码控制脉冲，并产生路时钟、帧同步码、标志信号码等；在接收端，位脉冲用作解码控制脉冲，产生同步系统需要的定时脉冲等。在 PCM30/32 路系统中，位脉冲的频率为 256 kHz，通过 8 分频主时钟得到。

（3）时隙时钟。在发送端时隙时钟用于插入某些特殊码型或信息时钟，在接收端时隙时钟用于检出这些码，频率约为 8 kHz。如 TS_0 时隙用于帧同步码或监视码的插入和检出，TS_{16} 时隙用于复帧同步码和信令的插入和检出。

（4）路脉冲。在发送端路脉冲用于控制抽样门以实现时分多路复用，在接收端路脉冲用于控制分路门以实现解复用，频率约为 8 kHz。

（5）半帧脉冲和复帧脉冲。半帧脉冲用于信令逻辑，如 PCM 复帧中的 TS_{16} 用来传送信令码；用复帧同步码来保持复帧同步。

2. 收发定时系统

收发定时系统就是产生各种定时脉冲的系统，一般采用高精度的时钟脉冲发生器作为主时钟，然后经过分频得到相应频率的路脉冲、位脉冲等，如图 1 - 7 - 1 所示。目前使用的主时钟类型主要有原子钟、振荡器等，也可以采用 GPS、北斗一号等定时系统的外基准定时信号。

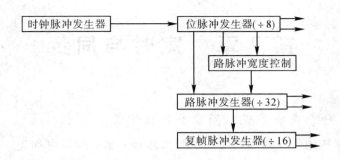

图 1-7-1　收发定时系统

　　在点与点之间进行数字传输时，接收端为了能正确地再生出所传输的信号，必须产生一个时间上与发送端信号同步的，且位于最佳取样判决位置的脉冲序列，这就是收定时系统。同步脉冲序列可由收到的信码或锁相法获得。

　　问题 7-2：什么是同步？同步是如何分类的？

　　同步是指收发双方的载波、码元速率及各种定时标志都应步调一致，不仅要求同频，还要求同相。模拟通信网的同步是指传输系统中两端载波机间的载波频率的同步。数字通信网的同步是指网内各数字设备内时钟的同步。同步按照作用的不同一般分为载波同步、位同步、帧同步和网同步。

7.2　载波同步

载波同步

　　载波同步是指在相干解调时，接收端需要提供一个与接收信号中的调制载波同频同相的相干载波。这个载波的获取称为载波提取或载波同步。载波同步是实现相干解调的先决条件。

　　有些调制信号如 PSK 等，它们虽然本身不直接含有载波分量，但经过某种非线性变换后将含有载波的谐波分量，因而可从中提取出载波分量来。这种从接收信号中提取同步载波的方法称为直接法（或自同步法）。

　　有些调制信号，本身不含有载波，或者虽含有载波分量，但很难从已调信号的频谱中把它分离出来。对这些信号的载波提取，可以用插入导频法（外同步法）。所谓插入导频，就是在已调信号频谱中额外插入一个低功率的线谱，以便作为载波同步信号在接收端加以恢复，此线谱对应的正弦波称为导频信号。

　　插入导频分为频域插入和时域插入两种。频域插入是插入的导频在时间上是连续的，即信道中自始至终都有导频信号传送，如图 1-7-2 所示。时域插入导频方法是按照一定的时间顺序，在指定的时间内发送载波标准，即把载波标准插到每帧的数字序列中，一般插入在帧同步脉冲之后，如图 1-7-3 所示。

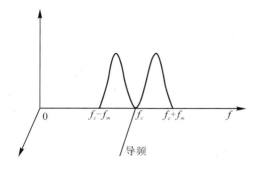

图 1 - 7 - 2　频域插入

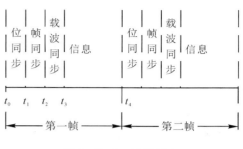

图 1 - 7 - 3　时域插入

7.3　位同步

　　位同步又称码元同步。在数字通信系统中，任何消息都是通过一连串码元序列传送的，所以接收时需要知道每个码元的起止时刻，以便在恰当的时刻进行取样判决。要实现接收判决时刻必须对准每个接收码元的特定时刻，就要求接收端要提供一个位定时脉冲序列，该序列的重复频率与码元速率相同，相位与最佳取样判决时刻一致。我们把提取这种定时脉冲序列的过程称为位同步。

　　位同步是正确取样、判决的基础，只有数字通信才需要，并且不论是基带传输还是频带传输都需要位同步。数字通信时所提取的位同步信息是频率等于码速率的定时脉冲，相位则根据判决时信号的波形决定，可能在码元中间，也可能在码元终止时刻或其他时刻。

　　位同步的实现方法也有插入导频法和直接法两种。位同步插入导频法与载波同步插入导频法类似，即在基带信号频谱的零点处插入所需的位定时导频信号，如图 1 - 7 - 4 所示。直接提取位同步的方法又分为滤波法(如图 1 - 7 - 5 所示)和特殊锁相环法。

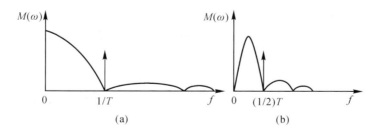

图 1 - 7 - 4　插入导频法实现位同步

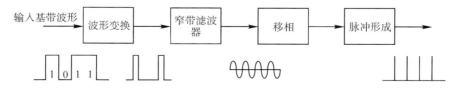

图 1 - 7 - 5　滤波法实现位同步

7.4　帧同步

在数字通信中，信息流是用若干码元组成一个"字"，又用若干个"字"组成"句"。在接收这些数字信息时，必须知道这些"字""句"的起止时刻，否则接收端无法正确恢复出信息。为了使接收端能正确分离各路信号，在发送端必须提供每帧的起止标记。在接收端检测并获取这一标志的过程称为帧同步，也称为群同步。

实现帧同步通常采用的方法是起止式同步法和插入特殊同步码组的同步法。插入特殊同步码组的方法又分为连贯式插入法和间隔式插入法两种。

1. 起止式同步法

数字电传机中广泛使用的是起止式同步法。在电传机中，常用的是五单位码。为标志每个字的开头和结尾，在五单位码的前后分别加上 1 个单位的起码（低电平）和 1.5 个单位的止码（高电平），共 7.5 个码元组成一个字，如图 1-7-6 所示。

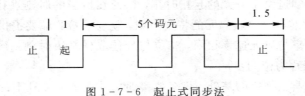

图 1-7-6　起止式同步法

2. 连贯式插入法

连贯式插入法又称集中插入法，它是指在每一信息帧的开头集中插入作为帧同步码组的特殊码组。该特殊码组应在信息码中很少出现，即使偶尔出现，也不可能依照帧的规律周期性出现。接收端按帧的周期连续数次检测该特殊码组，这样便可获得帧同步信息。

连贯式插入法的特殊插入码组要满足以下要求：

（1）具有明显的可识别特征，以便接收端能够容易地将同步码和信息码区分开来。

（2）这个码组的码长应当既能保证传输效率高（不能太长），又能保证接收端识别容易（不能太短）。

符合上述要求的特殊码组有全 0 码、全 1 码、1 与 0 交替码、巴克码、PCM30/32 基帧帧同步码 0011011。

全 1 识别器比较容易实现，用 7 级移位寄存器、相加器和判决器就可以组成，具体结构如图 1-7-7 所示。当输入码元的"1"进入某移位寄存器时，该移位寄存器的 1 端输出电平为 +1，0 端输出电平为 -1。当一帧信号到来时，首先进入识别器的是帧同步码组，当 7 位全 1 码已全部进入 7 位寄存器时，7 位移位寄存器输出端都输出 +1，相加后得最大输出 +7，识别器输出一个同步脉冲表示一群（帧）的开头。

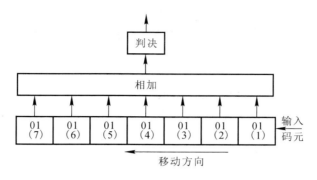

图 1 - 7 - 7　全 1 识别器

巴克码是一种有限长的非周期序列。目前已找到的巴克码组如表 1 - 7 - 1 所示，n 表示码组位长。

表 1 - 7 - 1　巴克码组

长度	巴克码组
2	＋＋ （11）
3	＋＋－ （110）
4	＋＋＋－(1110)；＋＋－＋(1101)
5	＋＋＋－＋(11101)
7	＋＋＋－－＋－(111 0010)
11	＋＋＋－－－＋－－＋－(111 0001 0010)
13	＋＋＋＋＋－－＋＋－＋－＋(11111 0011 0101)

3. 间隔式插入法

间隔式插入法又称为分散插入法，它是将帧同步码以分散的形式均匀插入信息码流中。如 PCM24 路基群设备以及一些简单的 ΔM 系统一般都采用 1、0 交替码型作为帧同步码间隔插入的方法。即一帧插入 1 码，下一帧插入 0 码，如此交替插入。由于每帧只插一位码，那么它与信码混淆的概率则为 1/2，这样似乎无法识别同步码，但是这种插入方式在同步捕获时不是检测一帧或两帧，而是连续检测数十帧，每帧都符合 1、0 交替的规律才确认同步。

4. 帧同步的应用

PCM30/32 路帧同步系统是连贯式插入法帧同步的具体应用。帧同步是实现时分多路通信必不可少的条件之一，它在很大程度上决定了时分多路通信的有效性及可靠性。同步系统使收、发定时系统同步工作，以保证在收端能正确地接收每一个码元，并能正确分出每一路信息码和信令码。

PCM30/32 路帧同步系统采用由多位码组成的帧同步码组，集中插入帧内的规定时隙，在选择帧同步码型时要考虑信息码中出现帧同步码的可能性相当小，它应是特定的码型。CCITT 规定 PCM30/32 路帧同步系统的帧同步码组为 7 位码，码型为 001 1011，集中插入偶帧的 TS_0 时隙的 2～8 位。下面简单讨论 PCM 帧同步系统的具体性能。

（1）帧同步建立时间。

要求开机后整个系统要能很快地进入帧同步，或一旦帧失步后，能很快恢复帧同步。帧失步将使信息丢失，对于语音通信，人耳不宜察觉出小于 100 ms 的通信中断，因此认为帧同步恢复时间在几十毫秒是允许的。但在传输数据时，要求很严格，即使帧同步恢复时间为 2 ms，也要丢失大量数据。

（2）帧同步系统的稳定性。

信道误码可能使帧同步码产生误码，进而产生假失步。在正常帧同步情况下，如果根据假失步进行调整的话，就会使已经处于帧同步的状态变成帧失步状态，即造成误调整。误调整结果将使正常的通信中断。因此帧同步系统应具有一定的抗干扰能力，设有保护措施。如图 1-7-8 所示。

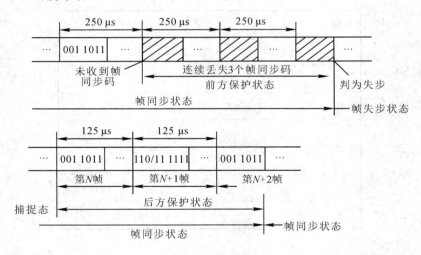

图 1-7-8　PCM30/32 路帧同步系统保护措施

对 PCM30/32 路帧同步系统，CCITT 建议保护时间如下：

① 帧失步：如果帧同步系统连续 3～4 个同步帧（同步帧$=2T=2\times125\ \mu s=250\ \mu s$）未收到帧同步码，则判为系统已失步，此时帧同步系统立即进入捕捉状态。

② 帧同步：帧同步系统进入捕捉状态后，在捕捉过程中，如果捕捉到的帧同步码组（每帧时间长 125 μs）具有第 N 帧有帧同步码 {1001 1011}（第 1 位码暂固定为 1）、第 $N+1$ 帧无帧同步码，而有对端告警码 {110/11 1111}、第 $N+2$ 帧有帧同步码，则判断帧同步系统进入同步状态，这时帧同步系统已完全恢复同步。检查 $N+1$ 帧有没有帧同步码组，是通过奇帧 TS_0 时隙的 D_2 位时隙，即第 2 位码 1 码来核对，因为偶帧的帧同步码在时隙的 TS_0 时隙的 D_2 位时隙是 0 码，称之为监督码。如果 $N+1$ 帧的 D_2 位时隙是 1 码，则证明本帧无帧同步码；如果 $N+1$ 帧的 D_2 位时隙是 0 码，则表明前一帧（N 帧）的帧同步码是伪同步码，必须重新补捉。

PCM30/32 路帧同步系统帧同步捕捉时间比 PCM24 路帧同步系统短，因此可以用一些话路传输数据。

7.5　网　同　步

同步网是由节点时钟设备和定时链路组成的一个实体网,负责为各种业务网提供定时,以实现各种业务网的同步,是电信网能够正常运行的支撑系统。同步网的基本功能是准确地将同步信息从基准时钟向同步网的各下级或同级节点传递,从而建立并保持全网同步。

1. 节点时钟设备

节点时钟设备主要包括独立型定时供给设备和混合型定时供给设备。独立型定时供给设备是数字同步网的专用设备,主要包括铯原子钟、铷原子钟、晶体钟、大楼综合定时系统(BITS)以及由全球定位系统(GPS 和 GLONASS)或北斗一号定位系统组成的定时系统。混合型定时供给设备是指通信设备中的时钟单元,它的性能满足同步网设备指标要求,可以承担定时分配任务,如交换机时钟等。

2. 定时分配

定时分配就是将基准定时信号逐级传递到同步通信网中的各个设备。

(1)局内定时分配。

局内定时分配是指在同步网节点上直接将定时信号送给各个通信设备,即在通信楼内直接将同步网设备(BITS)的输出信号连接到通信设备上。

(2)局间定时分配。

局间定时分配是指同步网节点间定时信号的传递。局间定时信号的传递是通过同步网节点间的定时链路将来自基准时钟的定时信号逐级向下传递。上游时钟通过定时链路将定时信号传递给下游时钟。下游时钟提取定时时,滤除传输损伤,重新产生高质量的定时信号提供给局内设备,并再通过定时链路将定时信号传递给它的下游时钟。

3. 我国数字同步网

我国同步网时钟等级结构如图 1-7-9 所示。一级是基准时钟,由铯原子钟或 GPS 配铷钟组成。二级为有保持功能的高稳时钟(受控铷钟和高稳定度晶体钟),分为 A 类和 B

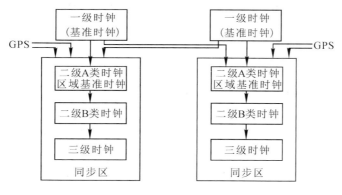

图 1-7-9　我国同步网等级结构

类。上海、南京、西安、沈阳、广州、成都等六个大区中心及乌鲁木齐、拉萨、昆明、哈尔滨、海口等五个边远省会中心配置区域级基准时钟(Local Primary Reference，LPR)，此外还增配有 GPS 定时接收设备，它们均属于 A 类时钟。全国 30 个省、市、自治区中心的长途通信大楼内安装的大楼综合定时供给系统以铷(原子)钟或高稳定度晶体钟作为 B 类标准时钟。

各省内设置在汇接局(Tm)和端局(C5)的时钟是三级时钟，采用有保持功能的高稳定度晶体时钟，其频率偏移率可低于二级时钟。另外四级时钟是一般晶体时钟，通过同步链路与三级时钟同步，设置在远端模块、数字终端设备和数字用户交换设备当中。

我国数字同步网的工作方式为：基准时钟之间采用准同步方式，同步区内采用主从同步方式。

(1) 准同步方式是指各交换节点的时钟彼此是独立的，但它们的频率精度要求保持在极窄的频率容差之中，网络接近于同步工作状态。

(2) 主从同步方式指数字网中所有节点都以一个规定的主节点时钟作为基准，主节点之外的所有节点或者是从直达的数字链路上接收主节点送来的定时基准，或者是从经过中间节点转发后的数字链路上接收主节点送来的定时基准，然后把节点的本地振荡器相位锁定到所接收的定时基准上，使节点时钟从属于主节点时钟。

【巩固练习】

一、填空

1. 同步的主要内容有(　　　　　)、(　　　　　)、(　　　　　)。

2. 同步也可以看作是一种信息，按照获取和传输同步信息方式的不同，又可分为(　　　　　)和(　　　　　)。

3. 由发送端发送专门的同步信息(常被称为导频)，接收端把这个导频提取出来作为同步信号的方法，称为(　　　　　)。

4. 人们最希望的是(　　　　　)同步方法，因为此方法可以把全部功率和带宽分配给信号传输。

5. 帧同步一般都采用(　　　　　)。

6. 在数字传输系统中由于(　　　　　)同步的平均建立时间较短，得到广泛应用。

7. 帧同步码一般用(　　　　　)。

二、选择

1. 接收时需要知道每个码元的起止时刻，这就需要从接收信号中获得码元定时脉冲序列，我们把提取这种定时脉冲序列的过程称为(　　　)。

A. 位同步　　　　　　　B. 帧同步　　　　　　　C. 网同步

2. 数字信息群(字、句、帧)"开头"和"结尾"的时刻，即确定帧定时脉冲的相位是(　　　)。

A. 位同步　　　　　　　B. 帧同步　　　　　　　C. 网同步

3. 特殊码组用于(　　　)。

A. 连贯式插入法　　　　B. 间歇式插入法

4. 为了保证通信网内各用户之间可靠地通信和数据交换，全网必须有一个统一的标准时钟，这是(　　)同步。

A. 位同步 　　　　　　B. 帧同步 　　　　　　C. 网同步

5. 在多路数字电话系统中，较多应用(　　)同步法。

A. 连贯式插入法 　　　　B. 间歇式插入法

6. 同步码字中一些码元发生错误，从而使识别器漏识别已发出的帧同步码字，出现这种情况的概率称为(　　)。

A. 漏同步概率 P_1 　　　　B. 假同步概率 P_2

三、简答题

1. 同步方法主要有哪些？

2. 什么是帧同步？帧同步方法有哪些？帧同步的性能指标与哪些因素有关？

3. 有 12 路模拟语音信号采用时分复用 PCM 方式传输。每路语音信号带宽为 4 kHz，采用奈奎斯特速率抽样，8 位编码，PCM 脉冲宽度为 τ，占空比为 100%。计算脉冲宽度 τ。

4. 有 32 路模拟语音信号采用时分复用 PCM 方式传输。每路语音信号带宽为 4 kHz，采用奈奎斯特速率抽样，8 位编码，PCM 脉冲宽度为 τ，占空比为 100%，计算脉冲宽度 τ。

第 二 部 分 ▶▶▶▶▶ 实 验 验 证

实验平台的主控及信号源模块说明

1. 按键及接口说明

按键及接口说明如图 2-0-1 所示。

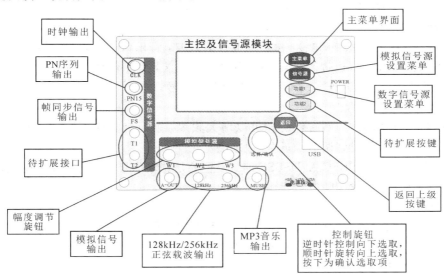

图 2-0-1　主控及信号源按键及接口说明

2. 功能说明

该模块可以完成 5 种功能的设置，下面介绍具体设置方法。

1) 模拟信号源功能

模拟信号源菜单由"信号源"按键进入，在该菜单下按控制旋钮"选择/确定"可以依次设置："输出波形"→"输出频率"→"调节步进"→"音乐输出"→"占空比"（只有在输出方波模式下才出现）。在设置状态下，选择控制旋钮"选择/确定"则可以设置参数。其菜单示意图如图 2-0-2 所示。

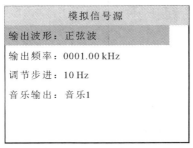

（a）输出正弦波时没有占空比选项　　　（b）输出方波时有占空比选项

图 2-0-2　模拟信号源菜单示意图

注意：上述设置是有顺序的。例如，从"输出波形"设置切换到"音乐输出"需要按 3 次"选择/确定"键。

下面对每一种设置进行详细说明。

(1)"输出波形"设置。

一共有 6 种波形可以选择：

正弦波：输出频率 10 Hz～2 MHz。

方波：输出频率 10 Hz～200 kHz。

三角波：输出频率 10 Hz～200 kHz。

DSBFC(全载波双边带调幅)：由正弦波作为载波，音乐信号作为调制信号。

DSBSC(抑制载波双边带调幅)：由正弦波作为载波，音乐信号作为调制信号。

FM：载波固定为 20 kHz，音乐信号作为调制信号。

(2)"输出频率"设置。

控制旋钮"选择/确定"顺时针旋转可以增大频率，逆时针旋转可以减小频率。频率增大或减小的步进值可根据"调节步进"参数来决定。

在"输出波形"为 DSBFC 和 DSBSC 时，设置的是调幅信号载波的频率；在"输出波形"为 FM 时，设置频率对输出信号无影响。

(3)"调节步进"设置。

控制旋钮"选择/确定"顺时针旋转可以增大步进，逆时针旋转可以减小步进。步进分为"10 Hz""100 Hz""1 kHz""10 kHz""100 kHz"5 挡。

(4)"音乐输出"设置。

通过设置"音乐输出"可设置"MUSIC"端口输出信号的类型，有"音乐 1""音乐 2""3k+1k 正弦波"3 种信号输出。

(5)"占空比"设置。

控制旋钮"选择/确定"顺时针旋转可以增大占空比，逆时针旋转可以减小占空比。占空比调节范围为 10%～90%，以 10% 为调节步进。

2) 数字信号源功能

数字信号源菜单由"功能 1"按键进入，在该菜单下旋转控制旋钮"选择/确定"可以设置"PN 输出频率"和"FS 输出"。其菜单如图 2-0-3 所示。

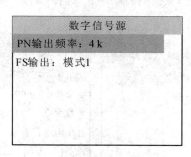

图 2-0-3 数字信号源菜单

(1)"PN 输出频率"设置。

"PN 输出频率"可设置"CLK"端口的频率及"PN15"端口的码速率。频率设置范围为

1 ～2048 kHz。

（2）"FS 输出"设置。

"FS 输出"可设置"FS"端口输出帧同步信号的模式。"FS"端口输出帧同步信号有以下 3 种：

模式 1：帧同步信号保持 8 kHz 的周期不变，帧同步的脉宽为 CLK 的一个时钟周期。（要求"PN 输出频率"不小于 16 kHz，主要用于 PCM、ADPCM 编译码帧同步及时分复用实验。）

模式 2：帧同步的周期为 8 个 CLK 时钟周期，帧同步的脉宽为 CLK 的一个时钟周期。（主要用于汉明码编译码实验。）

模式 3：帧同步的周期为 15 个 CLK 时钟周期，帧同步的脉宽为 CLK 的一个时钟周期。（主要用于 BCH 编译码实验。）

3）通信原理实验菜单功能

按下"主菜单"按键的第一个选项"通信原理实验"，然后可进入各个实验子菜单，如图 2-0-4 所示。

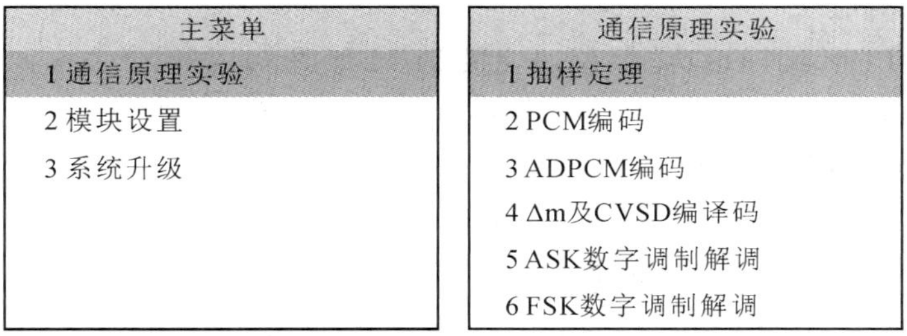

主菜单	通信原理实验
1 通信原理实验	1 抽样定理
2 模块设置	2 PCM编码
3 系统升级	3 ADPCM编码
	4 Δm及CVSD编译码
	5 ASK数字调制解调
	6 FSK数字调制解调

（a）主菜单　　　　（b）进入通信原理实验菜单

图 2-0-4　通信原理实验菜单

进入"通信原理实验"菜单后，逆时针旋转控制旋钮"选择/确认"光标会向下移动，顺时针旋转控制旋钮"选择/确认"光标会向上移动，按下控制旋钮"选择/确认"时，则会设置光标所在的选项为所选择的实验功能。有的实验的菜单会跳转到下级菜单，有的则没有下级菜单，没有下级菜单的实验会在实验名称前标记"√"符号。

当选中某个实验时，主控模块会向实验所涉及的模块发送命令，因此，需要这些模块电源处于开启状态，否则，设置会失败。实验具体需要哪些模块，在实验步骤中均有说明，详见具体实验。

4）模块设置功能（该功能只在自行设计实验时用到）

按下"主菜单"按键的第二个选项"模块设置"可进入模块设置菜单，在"模块设置"菜单中可以对各个模块的参数分别进行设置，如图 2-0-5 所示。

（1）1 号——语音终端及用户接口。

可设置该模块两路 PCM 编译码模块的编译码规则是 A 律还是 μ 律。

（2）2 号——数字终端及时分多址。

可设置该模块 BSOUT 的时钟频率。

模块设置
1号 语音终端及用户接口
2号 数字终端及时分多址
3号 信源编译码
7号 时分复用及时分交换
8号 基带编译码
10号 软件无线电调制
11号 软件无线电解调

2-0-5 "模块设置"菜单

（3）3号——信源编译码。

可设置该模块 FPGA 工作于"PCM 编译码""ADPCM 编译码""LDM 编译码""CVSD 编译码""FIR 滤波器""IIR 滤波器""反 SINC 滤波器"等功能（测试功能是生产中使用的）。由于模块的端口会在不同功能下有不同用途，下面对每一种功能进行说明。

① PCM 编译码。

FPGA 完成 PCM 编译码功能，同时完成 PCM 编码 A/μ 律或 μ/A 律转换的功能。其子菜单还能够设置 PCM 编译码 A/μ 律及 μ/A 律转换的方式。端口功能说明如下：

编码时钟：输入编码时钟。

编码帧同步：输入编码帧同步。

编码输入：输入编码的音频信号。

编码输出：输出编码信号。

译码时钟：输入译码时钟。

译码帧同步：输入译码帧同步。

译码输入：输入译码的 PCM 信号。

译码输出：输出译码的音频信号。

A/μ - In：A/μ 律转换输入端口。

A/μ - Out：A/μ 律转换输出端口。

② ADPCM 编译码。

FPGA 完成 ADPCM 编译码功能，端口功能和 PCM 编译码一样。

③ LDM 编译码。

FPGA 完成简单增量调制编译码功能，端口除了"编码帧同步"和"译码帧同步"没用到（LDM 编译码不需要帧同步），其他端口功能与 PCM 编译码一样。

④ CVSD 编译码。

FPGA 完成 CVSD 编译码功能，端口除了"编码帧同步"和"译码帧同步"没用到（CVSD 编译码不需要帧同步），其他端口功能与 PCM 编译码一样。

⑤ FIR 滤波器。

FPGA 完成 FIR 数字低通滤波器功能（采用 100 阶汉明窗设计，截止频率为 3 kHz）。该功能主要用于抽样信号的恢复。端口功能说明如下：

编码输入：FIR 滤波器输入口。

译码输出：FIR 滤波器输出口。

⑥ IIR 滤波器。

FPGA 完成 IIR 数字低通滤波器功能（采用 8 阶椭圆滤波器设计，截止频率为 3 kHz）。该功能主要用于抽样信号的恢复。端口功能与 FIR 滤波器相同。

⑦ 反 SINC 滤波器。

FPGA 完成反 SINC 数字低通滤波器。该功能主要用于消除抽样的孔径效应。端口功能与 FIR 滤波器相同。

（4）7 号——时分复用及时分交换。

功能一：设置时分复用的速率为 256 kb/s、2048 kb/s。

功能二：当复用速率为 2048 kb/s 时，调整 DIN4 时隙。

（5）8 号——基带编译码。

设置该模块 FPGA 工作于"AMI""HDB3""CMI""BPH"编译码模式。

（6）10 号——软件无线电调制。

可设置该模块的 BPSK 的具体参数。具体参数有：

是否差分：设置输入信号是否进行差分，即是 BPSK 还是 DBPSK 调制。

PSK 调制方式选择：设置 BPSK 调制是否经过成形滤波。

输出波形设置：设置"I－Out"端口输出成形滤波后的波形或调制信号。

匹配滤波器设置：设置成形滤波为升余弦滤波器或根升余弦滤波器。

基带速率选择：设置基带速率为 16 kb/s、32 kb/s、56 kb/s。

（7）11 号——软件无线电解调。

可设置该模块的两个参数，以及 BPSK 解调是否需要逆差分变换和解调速率。

5）系统升级

此选项用于模块内部程序升级时使用。

3. 注意事项

（1）实验开始时要将所需模块固定在实验箱上，并确定接触良好，否则菜单无法设置成功。

（2）信号源设置时，模拟信号源的输出步进可调节，以便于调节输出频率。

实验基本操作说明

本说明适用于 E-Labsim 创新实训平台，阐述了实验前期模块准备、参数设置、波形观测等一系列基本操作，为实验者提供了一定的操作参考方法。实验基本操作说明如下：

（1）实验前先检查所需模块是否固定好，供电电源是否良好。在未连线的情况下打开实验箱总电源开关及各模块电源开关，模块左边电源指示灯应全亮；若不亮，请关闭电源后拧紧模块四角的螺丝再检查。

（2）准备工作做完后，请在断电情况下根据实验指导书步骤进行连线。

（3）打开电源开关后，需要先进行菜单设置，然后再进行实验。打开电源后，首先弹出的是实验箱开发公司的 LOGO 界面，然后自动进入到主菜单界面，旋转控制旋钮选择所需实验课程，按下旋钮进入实验课程菜单，再在实验课程菜单中选择所需实验。选择所需实验选项时会弹出相应的实验信息提示，按下"确定"键，提示框即消失，进入所选实验界面。

（4）实验观测前，需要调节信号源输出信号相关参数。用示波器探头夹夹住导线的金属头，将导线另一头连接待测信号源输出端口，再调节相应旋钮和按键开关。

（5）观测实验波形时，有以下 3 种基本测试方法。

① 对于测试钩，可直接用示波器探头夹夹住测试钩并确定夹紧即可。

② 将示波器探头夹取下，直接用探头夹接触测试点，观察波形时需要注意固定好示波器探头。

③ 对于台阶插座，可用导线连接台阶插座与示波器探头夹子，连接方法与上述实验基础操作说明第（4）点中的叙述相同。

（6）本实验指导书中实验步骤基本分为 4 步。

① 连线。

② 实验初始状态设置。设置包含菜单设置、实验前模块拨码开关设置以及信号源输出设置等。

③ 实验初始状态说明。说明统一描述了实验中各信号源初始状态及实验环境。

④ 观测。针对各实验项目要求，用示波器等辅助仪器观测实验现象并记录实验结果。

实验 1　抽样定理的验证实验

一、实验目的

(1) 了解抽样定理在通信系统中的重要性。

(2) 理解低通采样定理的原理。

(3) 理解实际的抽样系统原理。

二、实验器材

(1) 主控及信号源模块、3 号模块各一块。

(2) 双踪示波器一台。

(3) 连接线若干。

三、实验原理

1. 实验原理框图

实验原理框图如图 2－1－1 所示。

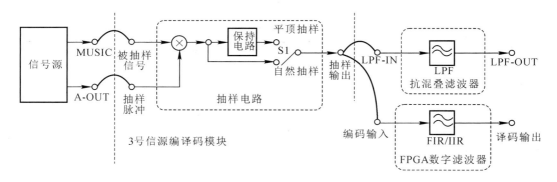

图 2－1－1　抽样定理实验框图

2. 实验框图说明

抽样信号由抽样电路产生。从图 2－1－1 可以看出，将输入的被抽样信号与抽样脉冲相乘就可以得到自然抽样信号，自然抽样信号经过保持电路得到平顶抽样信号。平顶抽样和自然抽样信号是通过开关 S1 切换输出的。

抽样信号经过低通滤波器，即可得到恢复的信号。这里滤波器可以选用抗混叠滤波器(8 阶 3.4 kHz 的巴特沃斯低通滤波器)或 FPGA 数字滤波器(有 FIR、IIR 两种)。

要注意，这里的数字滤波器借用的是信源编译码部分的端口，在做本实验时与信源编译码的内容没有联系。

四、实验步骤

概述：通过不同频率的抽样时钟，从时域和频域两方面观测自然抽样信号和平顶抽样信号的输出波形以及信号恢复的混叠情况了解不同抽样方式输出信号的差异和联系，并验证抽样定理。

具体实验步骤为：

（1）关闭电源，按表 2-1-1 所示进行连线。

表 2-1-1

源端口	目标端口	连线说明
信号源：MUSIC	3 号模块 TH1（被抽样信号）	将被抽样信号送入抽样单元
信号源：A-OUT	3 号模块 TH2（抽样脉冲）	提供抽样时钟
模块 3：TH3（抽样输出）	3 号模块 TH13（编码输入）	将 PAM 信号送入滤波器进行恢复

（2）打开电源，设置主控菜单，选择"主菜单"→"通信原理"→"抽样定理"。调节主控模块的 W1 使 A-OUT 输出幅度为 3 V。

（3）此时实验系统初始状态为：被抽样信号 MUSIC 为幅度 4 V、频率 3 k+1 k 的正弦合成波。抽样脉冲 A-OUT 为幅度 3 V、频率 9 kHz、占空比 20% 的方波。

（4）实验操作及波形观测。

① 观测并记录自然抽样前后的信号波形。设置 3 号模块的开关 S1 为"自然抽样"挡位，用示波器分别观测信号源 MUSIC 和抽样输出信号波形，并将观察到的结果记录到表 2-1-2 中。

表 2-1-2

信号源 MUSIC 信号的波形	
抽样输出信号的波形	

② 观测并记录平顶抽样前后的信号波形。设置 3 号模块开关 S1 为"平顶抽样"挡位，用示波器分别观测信号源 MUSIC 和抽样输出信号波形，并将观察到的结果记录到表 2-1-3 中。

表 2-1-3

信号源 MUSIC 信号的波形	
抽样输出信号的波形	

③ 观测并对比抽样恢复后信号与被抽样信号的波形。设置开关 S1 为"自然抽样"挡位，用示波器观测 MUSIC 和译码输出，并将结果记录在表 2 - 1 - 4 中，以 100 Hz 的步进减小 A-OUT 输出信号的频率，比较、观测并思考在抽样脉冲频率为多少的情况下恢复出的信号有失真。

表 2 - 1 - 4

信号源 MUSIC 信号的波形		
经过不同抽样频率抽样后，译码输出的波形	9 kHz	
	8 kHz	
	7.5 kHz	
	7 kHz	
	6.5 kHz	
	6 kHz	
	5.5 kHz	
	5 kHz	

④ 从频谱的角度验证抽样定理（选做）。用示波器的频谱功能观测并记录被抽样信号 MUSIC 和抽样输出信号的频谱；以 100 Hz 的步进减小抽样脉冲的频率，观测抽样输出的频谱，并将观察结果记录在表 2 - 1 - 5 中（注意：示波器需要用 250 kSa/s 采样率（即每秒

采样点为 250 kHz)，FFT 缩放调节为×10)。

表 2 - 1 - 5

信号源 MUSIC 的频谱		
经过不同抽样频率抽样后，译码输出的频谱	9 kHz	
	8.0 kHz	
	7.5 kHz	
	7 kHz	
	6.5 kHz	
	6 kHz	
	5.5 kHz	
	5 kHz	

五、实验报告要求

（1）分析实验电路的工作原理，并叙述其工作过程。

（2）根据实验测试记录，画出各测量点的波形图，并进行分析。

实验 2 　 PCM 编译码实验

一、实验目的

(1) 掌握脉冲编码调制与解调的原理。

(2) 掌握脉冲编码调制与解调系统的动态范围和频率特性的定义及测量方法。

(3) 了解脉冲编码调制信号的频谱特性。

二、实验器材

(1) 主控及信号源模块、3 号模块、21 号模块各一块。

(2) 双踪示波器一台。

(3) 连接线若干。

三、实验原理

1. 实验原理框图

实验原理框图如图 2-2-1 所示。

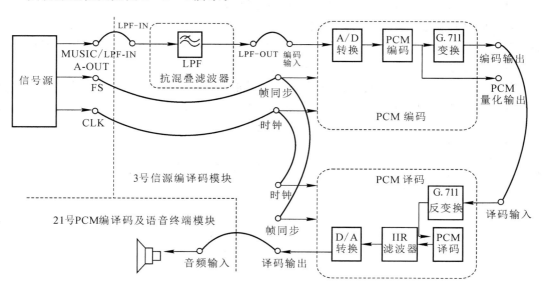

图 2-2-1 　 3 号模块的 PCM 编译码实验

2. 实验框图说明

图 2-2-1 描述了采用软件方式实现 PCM 编译码和中间变换的过程。PCM 编码过程是将音乐信号或正弦波信号经过抗混叠滤波(其作用是滤波 3.4 kHz 以外的频率,防止 A/D 转换时出现混叠的现象),然后将抗混滤波后的信号经 A/D 转换,并进行 PCM 编码。由于 G.711 协议规定 A 律的奇数位取反,μ 律的所有位都取反,因此,PCM 编码后的数据需要经 G.711 协议的变换输出。PCM 译码过程是 PCM 编码过程的逆向,这里不再赘述。

四、实验步骤

概述：该项目是通过改变输入信号的幅度或编码时钟，并对比观测 A 律 PCM 编译码和 μ 律 PCM 编译码输入输出波形，从而了解 PCM 编码规则。

具体实验步骤为：

（1）关闭电源，按表 2-2-1 所示进行连线。

表 2-2-1

源端口	目的端口	连线说明
信号源：A-OUT	模块 3：TH5(LPF-IN)	信号送入前置滤波器
模块 3：TH6(LPF-OUT)	模块 3：TH13(编码输入)	提供音频信号
信号源：CLK	模块 3：TH9(编码时钟)	提供编码时钟信号
信号源：FS	模块 3：TH10(编码帧同步)	提供编码帧同步信号
模块 3：TH14(编码输出)	模块 3：TH19(译码输入)	接入译码输入信号
信号源：CLK	模块 3：TH15(译码时钟)	提供译码时钟信号
信号源：FS	模块 3：TH16(译码帧同步)	提供译码帧同步信号

（2）打开电源，设置主控菜单，选择"主菜单"→"通信原理"→"PCM 编码"→"A 律编码观测实验"；调节 W1 使信号 A-OUT 输出幅度为 3 V 左右。

（3）此时实验系统初始状态为：音频输入信号为幅度 3 V、频率 1 kHz 的正弦波；PCM 编码及译码时钟 CLK 频率为 64 kHz；编码及译码帧同步信号 FS 频率为 8 kHz。

（4）实验操作及波形观测。

① 以 FS 信号为触发，观测编码输入信号波形。示波器的 DIV(扫描时间)挡调节为 100 μs，将正弦波幅度最大值处调节到示波器屏幕的正中间，并记录波形到表 2-2-2 中。

表 2-2-2

观测对象	A 律波形	μ 律波形
帧同步信号(FS)		
编码输入信号		
PCM 量化输出信号		
PCM 编码输出信号		

注意：记录波形后不要调节示波器，因为正弦波的位置需要和编码输出的位置对应。

② 在保持示波器参数设置不变的情况下，以 FS 信号为触发，观察 PCM 量化输出，并记录波形到表 2-2-2 中。

③ 再以 FS 信号为触发，观察 PCM 编码的 A 律编码输出波形，并记录入表 2-2-2 中。整个过程中，保持示波器参数设置不变。

④ 再将主控及信号源模块设置为"PCM 编码"→"μ 律编码观测实验"，重复步骤①②③，并将 μ 律编码相关波形记录到表 2-2-3 中。

⑤ 对比、观测编码输入信号和译码输出信号波形，并记录在表 2-2-3 中。

表 2-2-3

观测对象	A 律波形	μ 律波形
编码输入信号		
PCM 译码输出信号		

⑥ 从时序角度观测 PCM 编码输出波形。用示波器观测 FS 信号与编码输出信号，并记录二者对应的波形于表 2-2-4 中。

表 2-2-4

帧同步信号(FS)		
编码输出信号	A 律波形	
	μ 律波形	

思考：为什么实验时观察到的 PCM 编码信号码型总是变化的？

五、实验报告要求

（1）分析实验电路的工作原理，并叙述其工作过程。

（2）根据实验测试记录，画出各测量点的波形图，并分析实验现象。（注意对应相位关系）

实验 3 ASK 的调制和解调实验

一、实验目的

(1) 掌握用键控法产生 ASK 信号的方法。

(2) 掌握 ASK 非相干解调的原理。

二、实验器材

(1) 主控及信号源模块、9 号模块各一块。

(2) 双踪示波器一台。

(3) 连接线若干。

三、实验原理

1. 实验原理框图

ASK 调制及解调实验原理框图如图 2 - 3 - 1 所示。

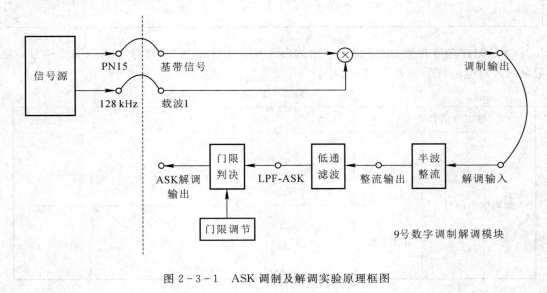

图 2 - 3 - 1　ASK 调制及解调实验原理框图

2. 实验框图说明

从图 2 - 3 - 1 可以看出：ASK 调制是将基带信号和载波直接相乘；ASK 解调是将已调制信号经过半波整流、低通滤波后，通过门限判决电路解调出原始基带信号。

四、实验步骤

实验项目一　ASK 调制

概述：ASK 调制实验中，ASK（振幅键控）载波幅度是随着基带信号的变化而变化；在本项目中，通过调节 PN 序列的频率或者载波频率，对比观测基带信号波形与调制输出波形以及每个码元对应的载波波形，并验证 ASK 调制原理。

具体实验步骤为：

（1）关闭电源，按表 2-3-1 所示进行连线。

表 2-3-1

源端口	目的端口	连线说明
信号源：PN15	模块 9：TH1（基带信号）	调制信号输入
信号源：128 kHz	模块 9：TH14（载波 1）	载波输入
模块 9：TH4（调制输出）	模块 9：TH7（解调输入）	解调信号输入

（2）打开电源，设置主控菜单，选择"主菜单"→"通信原理"→"ASK 数字调制解调"，将 9 号模块的 S1 拨为 0000。

（3）此时系统初始状态为：PN 序列输出频率为 32 kHz，128 kHz 载波信号的幅度为 3 V。

（4）实验操作及波形观测。

分别观测调制输入和调制输出信号：以 9 号模块 TH1 为触发，用示波器分别观测 9 号模块 TH1 和 TH4 信号波形，将结果记录在表 2-3-2 中，并验证 ASK 调制原理。

表 2-3-2

基带信号的波形（模块 9：TH1）	
调制后信号的波形（模块 9：TH4）	

若将 PN 序列输出频率改为 64 kHz，观测调制输入和调制输出信号，将结果记录在表 2-3-3 中，并对比表 2-3-2 和表 2-3-3 所记录波形，以及观察载波个数是否发生变化。

表 2-3-3

基带信号的波形（模块 9：TH1）	
调制后信号的波形（模块 9：TH4）	

实验项目二　ASK 解调

概述：实验中通过对比观测调制输入与解调输出信号波形，观察波形是否有延时现象，并验证 ASK 解调原理；观测解调输出信号的中间观测点（如 TP4 整流输出信号和 TP5 LPF-ASK 信号），深入理解 ASK 解调过程。

具体实验步骤为：

（1）保持实验项目一中的连线及初始状态。

（2）对比观测调制信号输入以及解调输出信号波形：以 9 号模块 TH1 信号为触发，用示波器分别观测 9 号模块 TH1 和 TH6 信号波形，并将结果记录在表 2-3-4 中；调节 W1，观测 TP4 整流输出和 TP5 LPF-ASK 两测试点信号波形，并验证 ASK 解调原理。

表 2 - 3 - 4

基带信号的波形（模块 9：TH1）	
解调后信号的波形（模块 9：TH6）	

（3）以信号源的 BS 信号为触发，测试 9 号模块 LPF-ASK 信号波形，观测眼图并拍照记录下来。

五、实验报告

（1）分析实验电路的工作原理，并简述其工作过程。

（2）分析 ASK 调制解调原理。

（3）根据记录的眼图，分析系统的性能。

实验 4　FSK 的调制和解调实验

一、实验目的

（1）掌握用键控法产生 FSK 信号的方法。

（2）掌握 FSK 非相干解调的原理。

二、实验器材

（1）主控及信号源模块、9 号模块各一块。

（2）双踪示波器一台。

（3）连接线若干。

三、实验原理

1. 实验原理框图

FSK 调制及解调实验原理框图如图 2 - 4 - 1 所示。

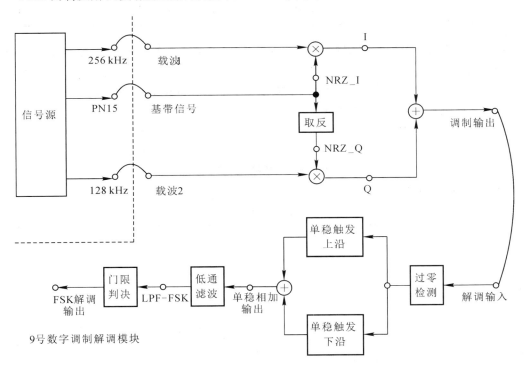

图 2 - 4 - 1　FSK 调制及解调实验原理框图

2. 实验框图说明

基带信号与载波 1 信号相乘得到高电平的 ASK 调制信号，另外基带信号取反后再与载波 2 信号相乘得到低电平的 ASK 调制信号，然后两者相加合成为 FSK 调制信号输出；

已调制 FSK 信号经过过零检测来识别信号中载波频率的变化情况,然后通过上、下沿单稳触发电路后再相加输出,最后经过低通滤波和门限判决解调出原始基带信号。

四、实验步骤

实验项目一　FSK 调制

概述:FSK 调制实验中,信号是用载波频率的变化来表征被传信息的状态;本项目中,通过调节 PN 序列的频率,然后对比观测基带信号波形与调制输出波形来验证 FSK 调制原理。

具体实验步骤为:

(1) 关闭电源,按表 2 - 4 - 1 所示进行连线。

表 2 - 4 - 1

源端口	目的端口	连线说明
信号源:PN15	模块 9:TH1(基带信号)	调制信号输入
信号源:256 kHz(载波)	模块 9:TH14(载波 1)	载波 1 输入
信号源:128 kHz(载波)	模块 9:TH3(载波 2)	载波 2 输入
模块 9:TH4(调制输出)	模块 9:TH7(解调输入)	解调信号输入

(2) 打开电源,设置主控菜单,选择“主菜单”→“通信原理”→“FSK 数字调制解调”,将 9 号模块的 S1 拨为 0000。

(3) 此时系统初始状态为:PN 序列输出频率为 32 kHz,128 kHz 载波信号的幅度为 3 V,256 kHz 载波信号的幅度为 3 V。

(4) 实验操作及波形观测。

示波器的 CH1 接 9 号模块的 TH1 基带信号,CH2 接 9 号模块的 TH4 调制输出,以 CH1 信号为触发,对比观测 FSK 调制输入及输出信号波形,将结果记录在表 2 - 4 - 2 中,并验证 FSK 调制原理。

表 2 - 4 - 2

基带信号的波形(模块 9:TH1)	
调制后信号的波形(模块 9:TH4)	

若将 PN 序列输出频率改为 64 kHz,观测调制输入和调制输出信号波形,将结果记录在表 2 - 4 - 3 中,对比表 2 - 4 - 2 和表 2 - 4 - 3 所记录的波形,并观察载波个数是否发生变化。

表 2 - 4 - 3

基带信号的波形(模块 9：TH1)	
调制后信号的波形(模块 9：TH4)	

实验项目二　FSK 解调

概述：FSK 解调实验中，采用的是非相干解调法对 FSK 调制信号进行解调；实验中通过对比观测调制输入与解调输出信号波形，观察波形是否有延时现象，并验证 FSK 解调原理；观测解调输出信号的中间观测点(如 TP6 单稳相加输出信号和 TP7 LPF-FSK 信号)，深入理解 FSK 解调过程。

具体实验步骤为：

(1) 保持实验项目一中的连线及初始状态。

(2) 示波器的 CH1 接 9 号模块 TH1 基带信号，CH2 接 9 号模块 TH8 FSK 解调输出，以 CH1 信号为触发，对比观测 FSK 调制输入及输出信号波形，将结果记录在表 2 - 4 - 4 中，并验证 FSK 解调原理。

表 2 - 4 - 4

基带信号的波形(模块 9：TH1)	
解调后信号的波形(模块 9：TH8)	

(3) 以信号源的 CLK 信号为触发，测试 9 号模块的 LPF-FSK 信号，观测眼图，并拍照记录下来。

五、实验报告

(1) 分析实验电路的工作原理，并简述其工作过程。

(2) 分析 FSK 调制解调原理。

实验 5　BPSK、DBPSK 的调制与解调实验

一、实验目的

(1) 掌握 BPSK、DBPSK 调制和解调的基本原理。

(2) 掌握 BPSK、DBPSK 数据传输过程，熟悉典型电路。

(3) 熟悉 BPSK、DBPSK 调制载波包络的变化。

(4) 掌握 BPSK、DBPSK 载波恢复特点与位定时恢复的基本方法。

二、实验器材

(1) 主控及信号源模块、9 号模块、13 号模块各一块。

(2) 双踪示波器一台。

(3) 连接线若干。

三、实验原理

1. BPSK、DBPSK 调制解调(9 号模块)实验原理框图

BPSK、DBPSK 调制解调实验原理框图分别如图 2-5-1 和图 2-5-2 所示。

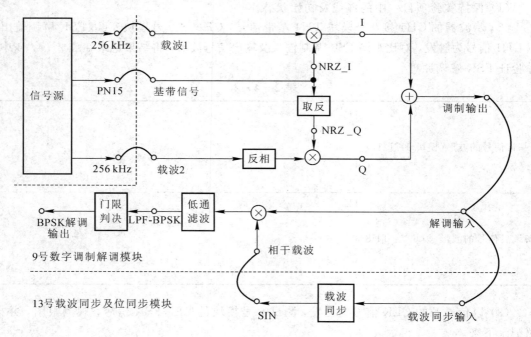

图 2-5-1　BPSK 调制及解调实验原理框图

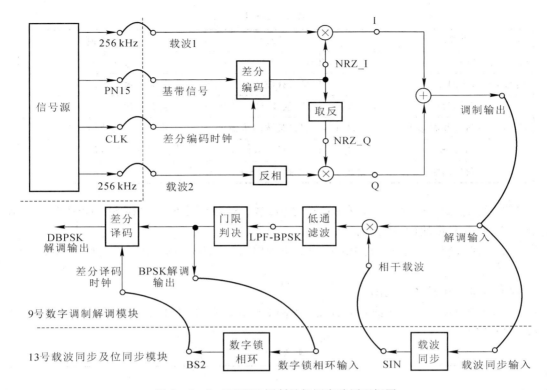

图 2-5-2　DBPSK 调制及解调实验原理框图

2. 实验框图说明

（1）图 2-5-1 说明：基带信号的高电平和低电平信号分别与 256 kHz 载波信号及 256 kHz 反相载波信号相乘，叠加后得到 BPSK 调制信号输出；一路已调制的 BPSK 信号送入到 13 号载波同步模块得到同步载波；另一路已调制的 BPSK 信号与相干载波信号相乘后，经过低通滤波和门限判决后，解调输出原始基带信号。

（2）图 2-5-2 说明：基带信号先经过差分编码得到相对码，再将相对码的高电平和低电平信号分别与 256 kHz 载波信号及 256 kHz 反相载波信号相乘，叠加后得到 DBPSK 调制信号输出；一路已调制的 DBPSK 信号送入到 13 号载波同步模块得到同步载波；另一路已调制的 DBPSK 信号与相干载波信号相乘后，经过低通滤波和门限判决后解调输出原始相对码，最后相对码经过差分译码恢复输出原始基带信号。其中载波同步和位同步由 13 号模块完成。

四、实验步骤

实验项目一　BPSK 调制信号观测(9 号模块)

概述：BPSK 调制实验中，信号是用相位相差 180° 的载波变换来表征被传递的信息；本项目通过对比观测基带信号波形与调制输出波形来验证 BPSK 调制原理。

具体实验步骤为：

（1）关闭电源，按表 2-5-1 所示进行连线。

表 2 - 5 - 1

源端口	目的端口	连线说明
信号源：PN15	模块 9：TH1(基带信号)	调制信号输入
信号源：256 kHz	模块 9：TH14(载波 1)	载波 1 输入
信号源：256 kHz	模块 9：TH3(载波 2)	载波 2 输入
模块 9：TH4(调制输出)	模块 13：TH2(载波同步输入)	载波同步模块信号输入
模块 13：TH1(SIN)	模块 9：TH10(相干载波输入)	用于解调的载波
模块 9：TH4(调制输出)	模块 9：TH7(解调输入)	解调信号输入

(2) 打开电源，设置主控菜单，选择"主菜单"→"通信原理"→"BPSK/DBPSK 数字调制解调"，将 9 号模块的 S1 拨为 0000。

(3) 此时系统初始状态为：PN 序列输出频率为 32 kHz，256 kHz 载波信号的幅度为 3 V。

(4) 实验操作及波形观测。

① 以 9 号模块 NRZ_I 信号为触发，观测 9 号模块的 TP1(I)信号波形，将结果记录在表 2 - 5 - 2 中。

表 2 - 5 - 2

基带信号的波形(TH1)	
TP1(I)波形	

② 以 9 号模块 NRZ_Q 信号为触发，观测 9 号模块的 TP3(Q)信号波形，并将结果记录在表 2 - 5 - 3 中。

表 2 - 5 - 3

基带信号的波形(TH1)	
TP3(Q)波形	

③ 以 9 号模块基带信号为触发，观测 9 号模块的调制输出信号波形，并将结果记录在表 2 - 5 - 4 中。

表 2 - 5 - 4

基带信号的 波形(TH1)	
调制后信号的 波形(TH4)	

思考：分析以上观测的波形，分析与 ASK 有何关系？

实验项目二　BPSK 解调信号观测(9 号模块)

概述：本项目通过对比观测基带信号波形与解调输出波形，观察是否有延时现象，并且验证 BPSK 解调原理；观测解调信号波形中间观测点 TP8，深入理解 BPSK 解调原理。

具体实验步骤为：

(1) 保持实验项目一中的连线。将 9 号模块的 S1 拨为 0000。

(2) 以 9 号模块的基带信号为触发，观测 13 号模块的 SIN 信号波形，并调节 13 号模块的 W1 使 SIN 信号的波形稳定，即恢复出载波。

(3) 以 9 号模块的基带信号为触发，观测 BPSK 解调输出信号波形，然后多次单击 13 号模块的"复位"按键，观测 BPSK 解调输出的变化，并将其中一组结果记录在表 2 - 5 - 5 中。

表 2 - 5 - 5

基带信号的 波形(TH1)	
解调后信号的 波形(TH12)	

实验项目三　DBPSK 调制信号观测(9 号模块)

概述：DBPSK 调制实验中，信号是用相位相差 $180°$ 的载波变换来表征被传递的信息；本项目通过对比观测基带信号波形与调制输出波形来验证 DBPSK 调制原理。

具体实验步骤为：

（1）关闭电源，按表 2-5-6 所示进行连线。

表 2-5-6

源端口	目的端口	连线说明
信号源：PN15	模块 9：TH1(基带信号)	调制信号输入
信号源：256 kHz	模块 9：TH14(载波 1)	载波 1 输入
信号源：256 kHz	模块 9：TH3(载波 2)	载波 2 输入
信号源：CLK	模块 9：TH2(差分编码时钟)	调制时钟输入
信号源：CLK	模块 9：TH11(差分译码时钟)	用作差分译码时钟
模块 9：TH4(调制输出)	模块 13：TH2(载波同步输入)	载波同步模块信号输入
模块 13：TH1(SIN)	模块 9：TH10(相干载波输入)	用于解调的载波
模块 9：TH4(调制输出)	模块 9：TH7(解调输入)	解调信号输入

（2）打开电源，设置主控菜单，选择"主菜单"→"通信原理"→"BPSK/DBPSK 数字调制解调"，将 9 号模块的 S1 拨为 0100。

（3）此时系统初始状态为：PN 序列输出频率为 32 kHz，256 kHz 载波信号的幅度为 3 V。

（4）实验操作及波形观测。

① 以 9 号模块 NRZ_I 信号为触发，观测 9 号模块的 TP(I)信号波形。

② 以 9 号模块 NRZ_Q 为触发，观测 9 号模块的 TP3(Q)信号波形。

③ 以 9 号模块基带信号为触发，观测 9 号模块的调制输出信号波形。

将以上观测结果记录到表 2-5-7 中。

表 2-5-7

TP(I)波形	
TP3(Q)波形	
调制后信号的波形(TH4)	

思考：分析以上观测的波形，分析与 ASK 有何关系？

实验项目四　DBPSK 解调信号观测(9 号模块)

概述:本项目通过对比观测基带信号波形与 DBPSK 解调输出波形来验证 DBPSK 解调原理。

具体实验步骤为:

(1) 保持实验项目一中的连线,将 9 号模块的 S1 拨为 0100。

(2) 以 9 号模块的基带信号为触发,观测 13 号模块的"SIN"信号波形,并调节 13 号模块的 W1 使 SIN 信号的波形稳定,以便于恢复出载波;观测 DBPSK 解调输出信号波形,多次单击 13 号模块的"复位"按键,观测 DBPSK 解调输出信号波形的变化,并将其中一组结果记录在表 2-5-8 中。

表 2-5-8

基带信号的波形	
DBPSK 解调输出信号波形	

五、实验报告要求

(1) 分析实验电路的工作原理,并简述其工作过程。

(2) 分析 BPSK、DBPSK 调制解调原理。

实验 6　AMI/HDB3 码型变换实验

一、实验目的

（1）了解几种常用的数字基带信号的特征和作用。

（2）掌握 AMI 码、HDB3 码的编译规则。

（3）了解滤波法位同步在码变换过程中的作用。

二、实验器材

（1）主控及信号源模块、2 号模块、8 号模块、13 号模块各一块。

（2）双踪示波器一台。

（3）连接线若干。

三、实验原理

1. AMI 编译码实验原理框图

AMI 编译码实验原理框图如图 2-6-1 所示。

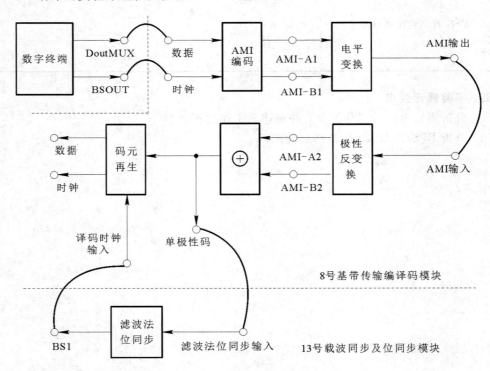

图 2-6-1　AMI 编译码实验原理框图

2. HDB3 编译码实验原理框图

HDB3 编译码实验原理框图如图 2-6-2 所示。

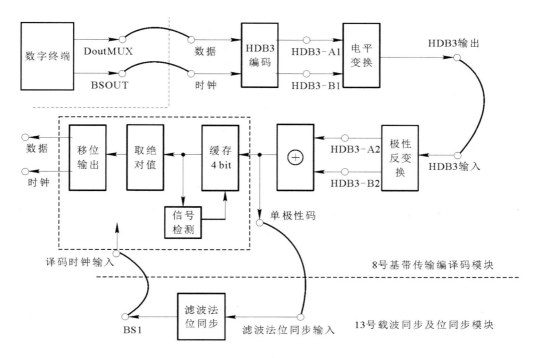

图 2-6-2　HDB3 编译码实验原理框图

3. 实验框图说明

AMI 编码规则是遇到 0 输出 0，遇到 1 则交替输出 +1 和 -1。HDB3 编码由于需要插入破坏位 B，因此，在编码时需要缓存 3 bit 的数据。当没有连续 4 个连 0 时，HDB3 编码与 AMI 编码规则相同。当有 4 个连 0 时，最后一个 0 变为传号 A，其极性与前一个 A 的极性相反；若该传号与前一个 1 的极性不同，则还要将这 4 个连 0 的第一个 0 变为 B，B 的极性与 A 相同。

AMI 译码只需将所有的 ±1 变为 1，0 不变即可；HDB3 译码则只需找到传号 A，将传号和传号前 3 个数都清 0 即可。传号 A 的识别方法为：该符号的极性与前一数极性相同，该符号即为传号。

四、实验步骤

实验项目一　AMI 编译码

概述：本项目通过选择不同的数字信源来分别观测编码输入及时钟信号波形与译码输出及时钟信号波形，以及观察编译码延时情况，并验证 AMI 编译码规则。

具体实验步骤为：

(1) 关闭电源，按表 2-6-1 所示进行连线。

表 2 - 6 - 1

源端口	目的端口	连线说明
模块 2：DoutMUX	模块 8：TH3（编码输入数据）	基带信号输入
模块 2：BSOUT	模块 8：TH4（编码输入时钟）	提供编码位时钟
模块 8：TH5（单极性码）	模块 13：TH3（滤波法位同步输入）	滤波法位同步提取
模块 13：TH4（BS1）	模块 8：TH9（译码时钟输入）	提供译码位时钟
模块 8：TH11（AMI 编码输出）	模块 8：TH2（AMI 译码输入）	将数据送入译码模块

（2）打开电源，设置主控菜单，选择"主菜单"→"通信原理"→"AMI 编译码"→"256 kHz 归零码实验"，将 13 号模块的开关 S2 往上拨为滤波法位同步，开关 S4 置为 1000，提取 512 kHz 同步时钟；将 2 号模块的开关 S1、S2、S3、S4 全部置为 1111 0000，使 DoutMUX 输出码型中含有 4 个连 0 的码型状态（或自行设置其他码值也可）。

（3）此时系统初始状态为：编码输入信号为 256 kHz 的序列。

（4）实验操作及波形观测。

① 用示波器分别观测 AMI 编码输入信号波形和 AMI 编码输出信号波形，将结果记录在表 2 - 6 - 2 中，并验证 AMI 编码规则。

表 2 - 6 - 2

AMI 编码输入信号波形	
AMI 编码输出信号波形	

② 用示波器分别观测 AMI 编码输入信号波形和 AMI 译码输出信号波形，将结果记录在表 2 - 6 - 3 中。

表 2 - 6 - 3

AMI 编码输入信号波形	
AMI 译码输出信号波形	

③ 用示波器分别观测 AMI 编码输入时钟信号和 AMI 译码输出时钟信号的波形，并将结果记录在表 2 - 6 - 4 中。

表 2 - 6 - 4

AMI 编码输入时钟波形	
AMI 译码输出时钟波形	

④ 观测 AMI 编码信号直流电平变化情况。此时将 2 号模块的开关置为 0000 0000 0000 0000 0000 0000 0000 0011，用示波器分别观测编码输入信号波形和编码输出信号波形以及编码输入时钟波形和译码输出时钟波形。先调节示波器，将信号耦合方式设置为交流，观察波形，并将结果记录到表 2 - 6 - 5 中。然后保持连线，拨码开关由 0 到 1 逐位拨起，直到 2 号模块的拨动开关设置为 0011 1111 1111 1111 1111 1111 1111 1111，用示波器观察波形的变化情况，并将结果记录表 2 - 6 - 6 中。

表 2 - 6 - 5　(2 号模块的开关设置为 0000 0000 0000 0000 0000 0000 0000 0011)

编码输入信号波形	
编码输出信号波形	
编码输入时钟波形	
译码输出时钟波形	

表 2 - 6 - 6　（2 号模块的开关设置为 0011 1111 1111 1111 1111 1111 1111 1111）

编码输入信号波形	
编码输出信号波形	
编码输入时钟波形	
译码输出时钟波形	

实验项目二　HDB3 编译码

概述：本项目通过选择不同的数字信源来分别观测 HDB3 编码输入信号波形及输入时钟波形、HDB3 译码输出信号波形及输出时钟波形，对比 HDB3 编码与 AMI 编码有何差异，并验证 HDB3 编译码规则。

具体实验步骤为：

（1）关闭电源，按表 2 - 6 - 7 所示内容改变连线。

表 2 - 6 - 7

源端口	目的端口	连线说明
模块 2：DoutMUX	模块 8：TH3（编码输入数据）	基带信号输入
模块 2：BSOUT	模块 8：TH4（编码输入时钟）	提供编码位时钟
模块 8：TH5（单极性码）	模块 13：TH3（滤波法位同步输入）	滤波法位同步时钟提取
模块 13：TH4（BS1）	模块 8：TH9（译码时钟输入）	提供译码位时钟
模块 8：TH1（HDB3 输出）	模块 8：TH7（HDB3 输入）	将已编码数据送入译码

（2）打开电源，设置主控菜单，选择"主菜单"→"通信原理"→"HDB3 编译码"→"256 kHz 归零码实验"，将 13 号模块的开关 S2 往上拨为滤波法位同步，开关 S4 设置为 1000，提取 512 kHz 同步时钟；将 2 号模块的开关 S1、S2、S3、S4 全部置为 1111 0000，使 DoutMUX 输出码型中含有 4 个连 0 的码型状态（或自行设置其他码值也可）。

（3）此时系统初始状态为：编码输入序列信号频率为 256 kHz。

（4）实验操作及波形观测。

① 用示波器分别观测 HDB3 编码输入信号波形和 HDB3 编码输出信号波形，将观察

到的波形记录到表 2-6-8 中，并验证 HDB3 编码规则。

表 2-6-8

HDB3 编码输入信号波形	
HDB3 编码输出信号波形	

　　思考：观察比较与上一实验项目得到的 AMI 编码波形有什么差别？

　　② 用示波器分别观测编码输入时钟信号和译码输出时钟信号的波形，将结果记录到表 2-6-9 中。

表 2-6-9

HDB3 编码输入时钟波形	
HDB3 译码输出时钟波形	

　　思考：HDB3 编码与 AMI 编码在译码上延时有什么差异？

　　③ 类似实验项目一 AMI 编译码的操作，观测 HDB3 编码信号直流电平变化情况，并将结果记录到表 2-6-10 和表 2-6-11 中。

表 2-6-10　（2 号模块的开关置为 0000 0000 0000 0000 0000 0000 0000 0011）

编码输入信号波形	
编码输出信号波形	
编码输入时钟波形	

译码输出时钟波形	

表 2 - 6 - 11　（2 号模块的开关置为 0011 1111 1111 1111 1111 1111 1111 1111）

编码输入信号波形	
编码输出信号波形	
编码输入时钟波形	
译码输出时钟波形	

思考： HDB3 码是否存在直流分量？

五、实验报告要求

（1）分析实验电路的工作原理，并叙述其工作过程。

（2）根据实验测试记录画出各测量点的波形图，并分析实验现象。

（3）对实验中两种编码的直流分量观测结果进行分析。联系数字基带传输系统知识分析编码中若含有直流分量将会对通信系统造成什么影响。

（4）通过比较 AMI 码和 HDB3 码在编译码时时延和时钟恢复方面的差异，说说为什么实际通信系统要采用 HDB3 码。

（5）比较 AMI 码和 HDB3 码两种编码的优劣。

（6）撰写本次实验的心得体会以及对本次实验的改进建议。

实验 7　汉明码编译码实验

一、实验目的
（1）了解信道编码在通信系统中的重要性。
（2）掌握汉明码编译码的原理。
（3）掌握汉明码检错纠错原理。
（4）理解编码码距的意义。

二、实验器材
（1）主控及信号源模块、6 号模块、2 号模块各一块。
（2）双踪示波器一台。
（3）连接线若干。

三、实验原理

1．实验原理框图

汉明码编译码实验原理框图如图 2-7-1 所示。

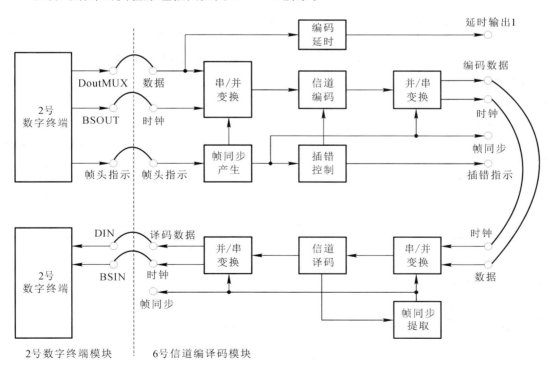

图 2-7-1　汉明码编译码实验框图

2. 实验框图说明

汉明码编码过程：数字终端的信号经过串/并变换后进行分组，分组后的数据再经过汉明码编码，数据由 4 bit 变为 7 bit。

四、实验步骤

实验项目一　汉明码编码规则验证

概述：本项目通过改变输入数字信号的码型来观测延时输出信号波形、编码输出信号波形及译码输出信号波形，并验证汉明码编译码规则。

具体实验步骤为：

(1) 关闭电源，按表 2 - 7 - 1 所示进行连线。

表 2 - 7 - 1

源端口	目的端口	连线说明
模块 2：TH1(DoutMUX)	模块 6：TH1(编码输入数据)	编码信号输入
模块 2：TH9(BSOUT)	模块 6：TH2(编码输入时钟)	提供编码位时钟
模块 2：TH10(辅助观测帧头指示)	模块 6：TH3(辅助观测帧头指示)	编码帧头指示
模块 6：TH5(编码输出数据)	模块 6：TH7(译码输入数据)	将数据送入译码
模块 6：TH6(编码输出时钟)	模块 6：TH8(译码输入时钟)	提供译码时钟
模块 6：TH4(延时输出 1)	模块 6：TH9(辅助观测 NRZD - IN)	延时输出

(2) 打开电源，设置主控菜单，选择"主菜单"→"通信原理"→"汉明码"；将 2 号模块的拨码开关 S1 拨为 1010 0000，拨码开关 S2、S3、S4 均拨为 0000 0000；将 6 号模块的拨码开关 S1 拨为 0001，即编码方式为汉明码；开关 S3 拨为 0000，即无错模式；按下 6 号模块 S2 系统复位开关。

(3) 此时系统初始状态为：2 号模块提供 32 kHz 编码输入信号，6 号模块进行汉明编译码，采用无差错插入模式。

(4) 实验操作及波形观测。

① 用示波器观测 6 号模块 TH5 点处编码输出波形，并将结果记录到表 2 - 7 - 2 中。

表 2 - 7 - 2

编码输出波形	

注意：为方便观测，可以以 TH4 处延时输出作为输出编码波形的对比观测点。此处观测的两个波形是同步的。

② 按表 2 - 7 - 3 所示内容设置 2 号模块拨码开关 S1 的前四位，观测编码输出信号并将结果记录到表 2 - 7 - 3 中。

表 2 - 7 - 3

输入	编码输出	输入	编码输出
$\alpha_6\,\alpha_5\,\alpha_4\,\alpha_3$	$\alpha_6\,\alpha_5\,\alpha_4\,\alpha_3\,\alpha_2\,\alpha_1\,\alpha_0$	$\alpha_6\,\alpha_5\,\alpha_4\,\alpha_3$	$\alpha_6\,\alpha_5\,\alpha_4\,\alpha_3\,\alpha_2\,\alpha_1\,\alpha_0$
0 0 0 0		1 0 0 0	
0 0 0 1		1 0 0 1	
0 0 1 0		1 0 1 0	
0 0 1 1		1 0 1 1	
0 1 0 0		1 1 0 0	
0 1 0 1		1 1 0 1	
0 1 1 0		1 1 1 0	
0 1 1 1		1 1 1 1	

实验项目二　汉明码检纠错性能检验

概述：本项目通过插入不同个数的错误码来观测译码结果与输入信号波形，并验证汉明码的检错纠错能力。

（1）保持实验项目一中的连线。

（2）将 6 号模块 S3 拨为 0001（即插入单个错误码），并按下 6 号模块系统复位开关 S2。

（3）对比观测译码结果与输入信号波形，并验证汉明码的纠错能力。

表 2 - 7 - 4

输入信号波形	
译码结果波形	

注意：为了便于观测，测试点 TP3（延时输出 2）是对输入信号的延时，对比 TH10 译码输出，这两个信号是同步的。

（4）对比观测插错指示与误码指示，验证汉明码的检错能力。

（5）将 6 号模块开关 S3 按照插错控制表中的拨码方式，逐一插入不同错误，按下 6 号模块系统复位开关 S2。重复步骤（2），验证汉明码的检错纠错能力。

（6）将示波器触发源通道接 TP2 帧同步信号，示波器另外一个通道接 TP1 插错指示，观测插错位置。

五、实验报告

（1）根据实验测试记录，完成实验表格。

（2）分析实验电路的工作原理，并简述其工作过程。

实验 8 循环码编译码实验

一、实验目的

（1）了解信道编码在通信系统中的重要性。

（2）掌握循环码编译码的原理。

（3）掌握循环码检错纠错原理。

二、实验器材

（1）主控及信号源模块、6 号模块、2 号模块各一块。

（2）双踪示波器一台。

（3）连接线若干。

三、实验原理

1. 实验原理框图

循环码编译码实验框图如图 2-8-1 所示。

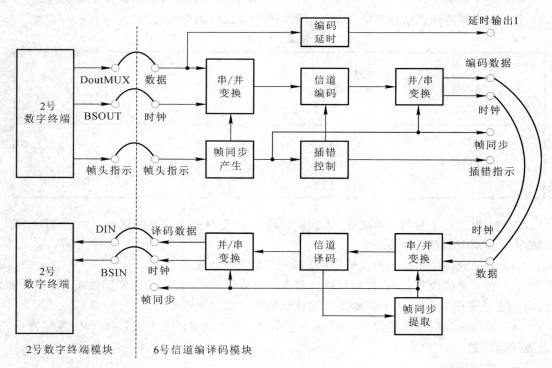

图 2-8-1 循环码编译码实验框图

2. 实验框图说明

循环码编码过程：数字终端的信号经过串/并变换后进行分组，分组后的数据再经过循环码编码，数据由 4 bit 变为 7 bit。

四、实验步骤

实验项目一　循环码编码规则验证

概述：本项目通过改变输入数字信号的码型来观测延时输出信号波形、编码输出信号波形以及译码输出信号波形，验证循环码编译码规则，并与汉明码编码规则对比发现有何异同。

具体实验步骤为：

（1）关闭电源，按表 2 - 8 - 1 所示进行连线。

表 2 - 8 - 1

源端口	目的端口	连线说明
模块 2：TH1(DoutMUX)	模块 6：TH1(编码输入数据)	编码信号输入
模块 2：TH9(BSOUT)	模块 6：TH2(编码输入时钟)	编码位时钟
模块 2：TH10(帧头指示)	模块 6：TH3(辅助观测帧头指示)	提供编码帧头
模块 6：TH5(编码输出数据)	模块 6：TH7(译码输入数据)	送入译码
模块 6：TH6(编码输出时钟)	模块 6：TH8(译码输入时钟)	提供译码时钟
模块 6：TH4(辅助观测延时输出 1)	模块 6：TH9(辅助观测 NRZD - IN)	延时输出

（2）打开电源，设置主控菜单，选择"主菜单"→"通信原理"→"循环码"；将 2 号模块的拨码开关 S1 拨为 1010 0000，拨码开关 S2、S3、S4 均拨为 0000 0000；将 6 号模块的拨码开关 S1 拨为 0010，即编码方式为循环码，拨码开关 S3 拨为 0000，即无错模式。按下系统复位开关 S2。

（3）此时系统初始状态为：2 号模块提供 32 kHz 编码输入信号，6 号模块进行循环编译码，采用无差错插入模式。

（4）实验操作及波形观测。

① 用示波器观测 TH5 处编码输出波形，并将结果记录到表 2 - 8 - 2 中。

表 2 - 8 - 2

编码输出波形	

注意：为方便观测，可以以 TH4 处延时输出作为输出编码波形的对比观测点；此处观测的两个信号波形是同步的。

② 按表 2 - 8 - 3 所示内容拨动拨码开关 S1 前四位，观测编码输出并填入表 2 - 8 - 3 中。

表 2 - 8 - 3

输入	编码输出	输入	编码输出
$\alpha_6\,\alpha_5\,\alpha_4\,\alpha_3$	$\alpha_6\,\alpha_5\,\alpha_4\,\alpha_3\,\alpha_2\,\alpha_1\,\alpha_0$	$\alpha_6\,\alpha_5\,\alpha_4\,\alpha_3$	$\alpha_6\,\alpha_5\,\alpha_4\,\alpha_3\,\alpha_2\,\alpha_1\,\alpha_0$
0 0 0 0		1 0 0 0	
0 0 0 1		1 0 0 1	
0 0 1 0		1 0 1 0	
0 0 1 1		1 0 1 1	
0 1 0 0		1 1 0 0	
0 1 0 1		1 1 0 1	
0 1 1 0		1 1 1 0	
0 1 1 1		1 1 1 1	

实验项目二　循环码检纠错性能检验

概述：本项目通过插入不同个数的错误码来观测译码结果与输入信号波形，验证循环码的检错纠错能力，并与汉明码检纠错能力进行对比。

具体实验步骤为：

（1）保持以上连线不变。

（2）将 6 号模块 S3 拨为 0001（即插入单个错误码），按下 6 号模块系统复位开关 S2。

（3）对比观测译码结果与输入信号波形，验证循环码的纠错能力，并将结果记录到表 2 - 8 - 4 中。

表 2 - 8 - 4

输入信号波形	
译码结果波形	

注意：为了便于观测，测试点 TP3 是对输入信号的延时，对比 TH10 译码输出，这两个信号是同步的。

（4）对比观测插错指示与误码指示，验证循环码的检错能力。

（5）将 6 号模块 S3 按照插错控制表中的拨码方式逐一插入不同错误，按下 6 号模块系统复位开关 S2。重复步骤（3）～（4），验证循环码的检错纠错能力。

（6）将示波器触发源通道接 TP2 帧同步信号，示波器另一个通道接 TP1 插错指示，观测插错位置。

五、实验报告

（1）根据实验测试记录，完成实验表格。

（2）分析实验电路的工作原理，并简述其工作过程。

（3）分析循环码实现检错纠错的原理。

实验 9　载波同步实验

一、实验目的

(1) 掌握用科斯塔斯环提取载波的实现方法。

(2) 了解相干载波相位模糊现象产生的原因。

二、实验器材

(1) 主控及信号源模块、9 号模块、13 号模块各一块。

(2) 双踪示波器一台。

(3) 连接线若干。

三、实验原理

1. 实验原理框图

载波同步实验原理框图如图 2-9-1 所示。

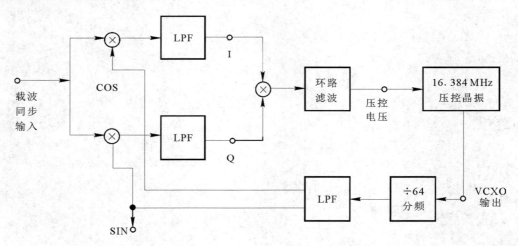

图 2-9-1　载波同步实验框图

2. 实验框图说明

本实验采用科斯塔斯环法提取载波同步信号。从载波同步输入端送入 BPSK 调制信号，经科斯塔斯环后，从 SIN 端输出同步载波信号。

四、实验步骤

实验项目　载波同步

概述：本项目是利用科斯塔斯环法提取 BPSK 调制信号的同步载波信号，通过调节压控晶振的压控偏置电压来观测载波同步信号情况，并进行分析。

具体实验步骤为：

（1）关闭电源，按表 2-9-1 所示进行连线。

表 2-9-1

源端口	目的端口	连线说明
信号源：PN15	模块 9：TH1（基带信号）	调制信号输入
信号源：256 kHz	模块 9：TH14（载波 1）	载波 1 输入
信号源：256 kHz	模块 9：TH3（载波 2）	载波 2 输入
信号源：CLK	模块 9：TH2（差分编码时钟）	调制时钟输入
模块 9：TH4（调制输出）	模块 13：TH2（载波同步输入）	信号输入同步模块

（2）打开电源，设置主控菜单，选择"主菜单"→"通信原理"→"BPSK/DBPSK 数字调制解调"；将 9 号模块的 S1 拨为 0000。

（3）此时系统初始状态为：PN 序列输出频率为 32 kHz，256 kHz 载波信号的幅度为 3 V。

（4）实验操作及波形观测。

对比观测信号源的 256 kHz 信号和 13 号模块的 SIN 信号，通过调节 13 号模块的压控偏置调节电位器来观测载波同步信号情况，将结果记录到表 2-9-2 中。

表 2-9-2

信号源 256 kHz 信号波形	
SIN 信号波形	

五、实验报告

（1）对实验思考题加以分析，按照要求做出回答，并尝试画出本实验的电路原理图。

（2）熟悉科斯塔斯环原理。

实验 10　帧同步提取实验

一、实验目的

(1) 掌握巴克码识别原理。

(2) 掌握同步保护原理。

二、实验器材

(1) 主控及信号源模块、7 号模块各一块。

(2) 双踪示波器一台。

(3) 连接线若干。

三、实验原理

1. 实验原理框图

帧同步提取实验原理框图如图 2 - 10 - 1 所示。

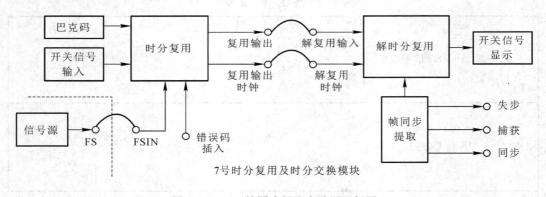

图 2 - 10 - 1　帧同步提取实验原理框图

2. 实验框图说明

帧同步是通过时分复用模块,在恢复帧同步时显示失步、捕获、同步 3 种状态间的切换,以及实现假同步及同步保护等功能。

四、实验步骤

概述:该项目是通过改变输入信号的错误码插入情况来观测失步、捕获以及同步等指示灯变化情况,从而了解帧同步提取的原理。

具体实验步骤为:

(1) 关闭电源,按表 2 - 10 - 1 所示进行连线。

表 2 - 10 - 1

源端口	目标端口	连线说明
信号源：FS	模块 7：TH11(FSIN)	提供复用帧同步信号
模块 7：TH10(复用输出)	模块 7：TH18(解复用输入)	复用与解复用连接
模块 7：TH12(复用输出时钟)	模块 7：TH17(解复用时钟)	提供解复用时钟信号

（2）打开电源，设置主控菜单，选择"主菜单"→"通信原理"→"帧同步"；调节 W1 使 A-OUT 信号幅度为 3 V。

（3）此时系统初始状态为：编码时钟信号、帧同步信号频率均为 64 kHz，音频信号为幅度 3 V、频率 1 kHz 的正弦波。

（4）实验操作及波形观测。

① 先打开其他模块电源，然后打开 7 号模块电源，观测在没有错误码的情况下"失步""捕获""同步"3 个灯的变化情况，将结果记录到表 2 - 10 - 2 中。

表 2 - 10 - 2

待观测灯	变化情况
失步	
捕获	
同步	

② 关闭 7 号模块电源，按住"错误码插入"按键不放，打开 7 号模块电源，再观测"失步""捕获""同步"3 个灯的变化情况，将结果记录到表 2 - 10 - 3 中。此时，"捕获"灯是否有闪烁的情况，为什么？

表 2 - 10 - 3

待观测灯	变化情况
失步	
捕获	
同步	

③ 在"同步"状态下单次按下"错误码插入"按键，观测"失步""捕获""同步"3 个灯的变化情况；然后，再长时间按住"错误码插入"按键不放，观测"失步""捕获""同步"3 个灯的变化情况，将结果记录到表 2 - 10 - 4 中。试着按照图 2 - 10 - 1 分析电路状态变化的情况。

表 2 - 10 - 4

待观测灯	变化情况（单次按下）	变化情况（长按）
失步		
捕获		
同步		

五、实验报告

（1）分析实验电路的工作原理，并简述其工作过程。

（2）分析实验测试点的波形图，并分析实验现象。

实验 11　时分复用与解复用实验

一、实验目的

(1) 掌握时分复用的概念。

(2) 了解时分复用的构成及工作原理。

(3) 了解时分复用的优点与缺点。

(4) 了解时分复用在整个通信系统中的作用。

二、实验器材

(1) 主控及信号源模块、21 号模块、2 号模块、7 号模块、13 号模块各一块。

(2) 双踪示波器一台。

(3) 连接线若干。

三、实验原理

1. 实验原理框图

256 kHz 时分复用实验原理框图如图 2 - 11 - 1 所示。

2-9-1

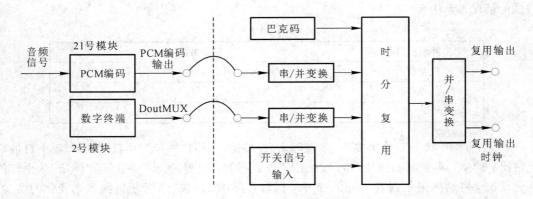

图 2 - 11 - 1　256 kHz 时分复用实验原理框图

256 kHz 解时分复用实验原理框图如图 2 - 11 - 2 所示。

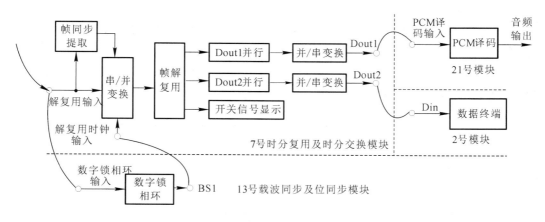

图 2-11-2 256 kHz 解时分复用实验框图

注意： 框图中 21 号和 2 号模块的相关连线有所简略，具体参考实验步骤中所述。

2. 实验框图说明

21 号模块的 PCM 信号和 2 号模块的数字终端信号经过 7 号模块进行 256 kHz 时分复用和解复用后，再送入到相应的 PCM 译码单元和 2 号终端模块。时分复用是将各路输入信号变为并行信号，然后按所给端口信号所在的时隙进行帧的拼接，变成一个完整的数据帧，最后由并/串变换将信号输出。解复用的过程是先提取帧同步信号，然后将一帧数据缓存下来，接着按时隙将帧数据解开，最后每个端口获取自己时隙的数据进行并/串变换并输出。

在 256 kHz 时分复用与解复用模式下，复用帧结构为：第 0 时隙是巴克码帧头；第 1~3 时隙是数据时隙，其中第 1 时隙输入的信号是信号源，第 2 时隙输入的是 PCM 信号，第 3 时隙由 7 号模块自带的拨码开关 S1 的码值作为信号。

四、实验步骤

实验项目一 256 kHz 时分复用帧信号观测

概述：该项目是通过观测 256 kHz 帧同步信号及复用输出波形来了解时分复用的基本原理。

具体实验步骤为：

(1) 关闭电源，按表 2-11-1 所示进行连线。

表 2-11-1

源端口	目的端口	连线说明
信号源：FS	模块 7：TH11(FSIN)	帧同步输入

(2) 打开电源，设置主控菜单，选择"主菜单"→"通信原理"→"时分复用"→"复用速率 256 kHz"。

(3) 此时系统初始状态为：复用时隙的速率为 256 kHz 模式；7 号模块的时分复用信号有四个时隙，其中第 0、1、2、3 输出数据分别为巴克码、Din1、Din2、开关 S1 拨码信号。

（4）实验操作及信号波形观测。

① 帧同步码波形观测：用示波器探头接 7 号模块的 TH10 复用输出，观测帧头的巴克码波形，将结果记录到表 2 - 11 - 2 中。

注意： 为方便记录巴克码波形，可先将 7 号模块上的拨码开关 S1 全置为 0，使整个时分复用信号中只有帧同步信号。

表 2 - 11 - 2

巴克码波形	

② 帧内 PN 序列波形观测。

关闭电源，继续连线，将信号源的 PN15 连接到 7 号模块的 Din1，即将 PN15 送至第 1 时隙。需要用数字示波器的存储功能观测 3 个周期中的第 1 时隙信号，将结果记录到表 2 - 11 - 3 中。

表 2 - 11 - 3

复用 PN 序列波形	

思考： PN15 序列的数据是如何分配到时分复用信号中的？

实验项目二　256 kHz 时分复用及解复用

概述： 该项目是将模拟信号通过 PCM 编码后送到复用单元，再经过解复用输出，最后译码输出。

具体实验步骤为：

（1）关闭电源，按表 2 - 11 - 4 所示进行连线。

表 2 - 11 - 4

源端口	目的端口	连线说明
信号源：T1	模块 21：TH1（主时钟）	提供芯片工作主时钟
信号源：FS	模块 7：TH11（FSIN）	帧同步输入
信号源：FS	模块 21：TH9（编码帧同步）	
信号源：CLK	模块 21：TH11（编码时钟）	位同步输入
信号源：A－OUT	模块 21：TH5（音频接口）	模拟信号输入
模块 21：TH8（PCM 编码输出）	模块 7：TH14（DIN2）	PCM 编码输入
模块 7：TH10（复用输出）	模块 7：TH18（解复用输入）	时分复用输入
模块 7：TH10（复用输出）	模块 13：TH7（数字锁相环输入）	锁相环提取位同步
模块 13：TH5（BS2）	模块 7：TH17（解复用时钟）	
模块 7：TH7（FSOUT）	模块 21：TH10（译码帧同步）	提供译码帧同步
模块 7：TH3（BSOUT）	模块 21：TH18（译码时钟）	提供译码位同步
模块 7：TH4（Dout2）	模块 21：TH7（PCM 编码输入）	解复用输入

（2）打开电源，设置主控菜单，选择"主菜单"→"通信原理"→"时分复用"→"复用速率 256 kHz"；将模块 13 的开关 S3 拨为"0100"；将 21 号模块的开关 S1 拨为 A-LAW（或 U-LAW）。

（3）此时系统初始状态为：复用时隙的速率为 256 kHz；信号源 A-OUT 输出 1 kHz 的正弦波，幅度由 W1 可调（频率和幅度参数可根据主控模块操作说明进行调节）；7 号模块的 Din2 端口送入 PCM 信号；正常情况下，7 号模块的"同步"指示灯亮。

注意：若发现"失步"或"捕获"指示灯亮，应先检查连线或拨码是否正确，再逐级观测信号或时钟是否正常。

（4）实验操作及信号波形观测。

① 帧内 PCM 编码信号波形观测。

将 PCM 信号输入 Din2，观测 PCM 信号。以帧同步为触发，分别观测 PCM 编码信号波形和复用输出信号波形，将结果记录到表 2 - 11 - 5 中。

表 2 - 11 - 5

复用 PCM 信号波形	

注意：PCM 复用后会有两帧的延时。

思考：PCM 信号是如何分配到时分复用信号中去的？

② 解复用帧同步信号波形观测。

PCM 信号对正弦波信号进行编译码，观测复用输出与 FSOUT 信号波形，并注意观察帧同步上跳沿与帧同步信号的时序关系，将结果记录到表 2 − 11 − 6 中。

表 2 − 11 − 6

解复用 PCM 波形	

③ 解复用 PCM 信号波形观测。

对比观测复用前与解复用后的 PCM 信号波形，以及 PCM 信号编译码前后的波形，将结果记录到表 2 − 11 − 7 中。

表 2 − 11 − 7

复用前的 PCM 信号波形	
解复用后的 PCM 信号波形	

续表

PCM 信号编码前的波形	
PCM 信号译码后的波形（模块 21：音频接口）	

五、实验报告

（1）画出各测试点的波形，并分析实验现象。

（2）分析电路的工作原理，并叙述其工作过程。

实验 12　HDB3 线路编码通信系统综合实验

一、实验目的

（1）熟悉 HDB3 编译码器在通信系统中的位置及发挥的作用。

（2）了解 HDB3 码对通信系统性能的影响。

（3）熟悉 HDB3 线路编码通信系统的系统框架。

（4）理解时分复用的原理。

二、实验器材

（1）主控及信号源模块、21 号模块、2 号模块、7 号模块、8 号模块、13 号模块各一块。

（2）双踪示波器一台。

（3）连接线若干。

三、实验原理

1. 实验原理框图

HDB3 线路编码通信系统实验原理框图如图 2-12-1 所示。

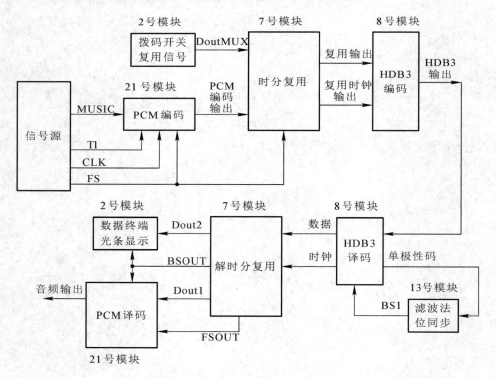

图 2-12-1　HDB3 线路编码通信系统实验原理框图

2. 实验框图说明

信号源输出的 MUSIC 信号经过 21 号模块进行 PCM 编码，再与 2 号模块的拨码信号一起送入 7 号模块进行时分复用，然后通过 8 号模块进行 HDB3 编码；HDB3 编码输出信号再送回 8 号模块进行 HDB3 译码，其中译码时钟用 13 号模块滤波法位同步提取，HDB3译码输出信号再送入 7 号模块进行解复接，恢复出的两路数据分别送到 21 号模块的 PCM译码单元和 2 号模块的数据终端光条显示单元，从而可以恢复出原始信号（源音乐信号），并可以从光条显示单元中看到原始拨码信号。

注意：图中所示连线有所省略，具体连线操作按实验步骤说明进行。

四、实验步骤

概述：该项目主要是让学生理解 HDB3 线路编译码以及时分复用等知识点，同时加深对以上两个知识点的认识和掌握，同时能对实际通信传输系统建立起简单的框架。

具体实验步骤为：

（1）关闭电源，按表 2-12-1 所示进行连线。

表 2-12-1

源端口	目的端口	连线说明
信号源：T1	模块 21：TH1（主时钟）	提供芯片工作主时钟
信号源：MUSIC	模块 21：TH5（音频接口）	提供编码信号
信号源：FS	模块 21：TH9（编码帧同步）	提供编码帧同步信号
信号源：CLK	模块 21：TH11（编码时钟）	提供编码时钟
模块 21：TH8（PCM 编码输出）	模块 7：TH13（DIN）	复用一路输入
模块 2：TH1（DoutMUX）	模块 7：TH14（DIN2）	复用二路输入
信号源：FS	模块 7：TH11（FSIN）	提供复用帧同步信号
模块 7：TH10（复用输出）	模块 8：TH3（编码输入）	进行 HDB3 编码
模块 7：TH12（复用时钟输出）	模块 8：TH4（时钟）	提供 HDB3 编码时钟
模块 8：TH1（HDB3 输出）	模块 8：TH7（HDB3 输入）	进行 HDB3 译码
模块 8：TH5（单极性码）	模块 13：TH3（滤波法位同步输入）	滤波法位同步提取
模块 13：TH4（BS1）	模块 8：TH9（译码时钟输入）	提取位时钟进行译码
模块 8：TH12（时钟）	模块 7：TH17（解复用时钟）	解复用时钟输入
模块 8：TH13（数据）	模块 7：TH18（解复用数据）	解复用数据输入
模块 7：TH7（FSOUT）	模块 21：TH10（译码帧同步）	提供 PCM 译码帧同步
模块 7：TH19（Dout1）	模块 21：TH7（PCM 译码输入）	提供 PCM 译码数据
模块 7：TH4（Dout2）	模块 2：TH13（DIN）	信号输入至数字终端
模块 7：TH3（BSOUT）	模块 2：TH12（BSIN）	数字终端时钟输入
模块 7：TH3（BSOUT）	模块 21：TH18（译码时钟）	提供 PCM 译码时钟
模块 21：TH6（音频输出）	模块 21：TH12（音频输入）	信号输入至音频播放

（2）打开电源，设置主控菜单，选择"主菜单"→"通信原理"→"HDB3 线路编码通信系统综合实验"（可以在"信号源"菜单中更改输出音乐信号（音乐信号可选音乐 1 和音乐 2））；将 13 号模块的拨码开关 S4 设置为 1000，开关 S2 拨为滤波器法位同步；将 21 号模块的开关 S1 拨为 A-LAW（或 U-LAW）。

（3）主控及信号源模块设置成功后，可以观察到 7 号模块的同步指示灯亮。FS 为模式 1。

（4）将 2 号模块拨码开关 S1、S2、S3 和 S4 均拨为 0111 0010，可以从数据终端光条显示单元中观察到输入的信号。

（5）实验操作及波形观测。

① 首先用示波器记录下 2 号模块的 DoutMUX 信号和 7 号模块的 Dout2 输出信号的波形，并记录到表 2 - 12 - 2 中；然后再用示波器观察 PCM 编码输出信号以及 7 号模块 Dout1 输出信号的波形，并将结果记录到表 2 - 12 - 3 中。

表 2 - 12 - 2

2 号模块 DoutMUX 信号波形	
7 号模块 Dout2 输出信号波形	

表 2 - 12 - 3

PCM 编码输出（相当于 7 号模块的 TH13(DIN) 的输入）信号波形	
7 号模块的 Dout1 输出信号波形	

② 用示波器观察信号源产生的音频信号、21 号模块 PCM 编码输出和 PCM 译码输出的波形，将结果记录到表 2 - 12 - 4 中。

表 2 - 12 - 4

信号源产生的音频信号波形	
模块 21 的 TH8(PCM 编码输出)信号波形	
模块 21 的 TH6(译码输出)信号波形	

③ 用示波器记录编码输入信号、HDB3 编码输出信号以及 HDB3 译码输出信号的波形，将结果记录到表 2 - 12 - 5 中。

表 2 - 12 - 5

模块 8 的 TH3(编码输入)信号波形	
模块 8 的 TH1(HDB3 输出)信号波形	
模块 8 的 TH13 译码(数据)信号波形	

五、实验报告要求

（1）叙述 HDB3 码在通信系统中的作用及对通信系统的影响。

（2）叙述 PCM 编译码的实验原理。

（3）说说时分复用技术的原理及作用。

（4）整理并分析实验结果。